일본 현지 빵 대백과

다쓰미출판 편집부 지음
수키 옮김

어서 오세요, '일본

일본에서 빵을 만들기 시작한 것은 에도시대(1603~1868년) 후기의 일이다. 요코하마, 고베 같은 항구도시를 중심으로 제빵이 확산됐고, 1869년 일본 최초의 서양식 빵집이 탄생했다. 그로부터 5년 뒤에는 화과자의 재료인 팥소를 부드러운 반죽으로 감싼 단팥빵이 발명되어 인기를 끌었다.

그 후, 팥 대신 잼이나 크림을 넣은 잼빵, 크림빵 등도 생겨나, 서양 음식이었던 빵이 일본의 독자적인 간식빵으로 서민들 사이에 정착해갔다.

다이쇼시대가 되자 일본 전국 각지에 빵집이 속속 탄생했고, 각 지역의 제빵사들이 새로운 빵을 고안하여 판매하게 되었다. 이리하여 일본 전국에서 그 지역에 뿌리내린, 남녀노소 모두에게 '소울 푸드'로 사랑받는 갖가지 '현지 빵'이 태어나게 된 것이다.

독자적인 맛과 모양의 현지 빵은 해당 지역의 특산물을 사용한 독특한 빵, 레트로하고 귀여운 패키지로 포장한 빵 등 각 고장의 빵집과 제조사의 개성이 한껏 담긴 것들로, 그 매력은 끝이 없다.

오랫동안 현지인밖에 모르는, 그 고장만의 '소울 빵'이었으나, 근래에는 TV나 잡지, SNS 등을 통해 전국적으로 유명해진 현지 빵들도 생겨났다. 또

현지 빵'의 세계로!

온라인으로 구입할 수 있는 빵도 빠르게 늘어나고 있다.

이 책에서는 이처럼 일본 전국의 매력 넘치는 현지 빵을 한자리에 모아, 간식빵, 조리빵, 정석 빵부터 색다른 종류의 빵까지 다양하게 소개한다. 각 빵의 맛과 특징에 대해서는 물론이고, 탄생 에피소드나 변천, 분위기 넘치는 점포 풍경 등도 곁들이면서 그리움과 신선함이 공존하는 현지 빵의 매력을 파고들었다.

나아가 '자판기 빵' '학교 매점 빵' '급식 빵' '이치노미야 모닝(아이치현의 이치노미야와 나가노의 카페를 중심으로, 아침에 음료를 주문하면 간단한 조식을 함께 제공하는 서비스)' '정취 있는 빵집 탐방' 등 일본의 빵 문화에 얽힌 칼럼과 미니 특집도 충실히 실었다.

여행의 동행자가 되어줄 '일본 전국 현지 빵 가이드'로서는 물론, '현지 빵 카탈로그'로서 읽는 것만으로도 재미있는 데다 일본의 빵 문화를 한눈에 볼 수 있는 책이기도 하다. 어느 페이지를 펼쳐도 거기에는 개성 넘치고 매력적인, 그리고 먹음직스러운 빵이 즐비하다. 일본의 풍부한 빵 문화가 감사하다!!

어서 오세요, '일본 현지 빵'의 세계로!

옮긴이 수키

대학에서 일어일문학을 전공했다. 책을 만들었고 지금은 번역을 한다. 옮긴 책으로 《의욕 따위 필요 없는 100가지 레시피》《식재료 탐구 생활》《이야기가 있는 동물 자수》가 있다.

NIHON GOTOCHI PAN TAIZEN

Copyright © TATSUMI PUBLISHING CO., LTD. 2022

All rights reserved.

Original Japanese edition published by TATSUMI PUBLISHING CO., LTD.

This Korean edition is published by arrangement with TATSUMI PUBLISHING CO., LTD., Tokyo in care of Tuttle-Mori Agency, Inc., Tokyo, through Amo Agency, Korea.

일본 현지 빵 대백과

1판 1쇄 펴냄 2023년 4월 17일
1판 6쇄 펴냄 2024년 7월 11일

지은이   다쓰미출판 편집부
옮긴이   수키

펴낸이 김경태 | **편집** 조현주 홍경화 강가연
디자인 육일구디자인 / 박정영 김재현 | **마케팅** 김진겸 유진선 강주영
펴낸곳 (주)출판사 클
출판등록 2012년 1월 5일 제311-2012-02호
주소 03385 서울시 은평구 연서로26길 25-6
전화 070-4176-4680 | **팩스** 02-354-4680 | **이메일** bookkl@bookkl.com

ISBN 979-11-92512-25-9 13590

출판사 클의 책을
만나보세요.

어서 오세요, '일본 현지 빵'의 세계로! ··· 2

1부
예나 지금이나 큰 인기!
계속해서 사랑받는 소울 빵

우유빵 10 · 모자빵 14 · 크림박스 16 · 화이트샌드 18 · 샐러드빵 20
감자칩빵 24 · 기타 26

키다리빵 | 기린짱 | 카르네 | 장미빵 | 로즈빵 | 니시카와플라워 | 바나나크림롤 | 나카요시빵
베타초코 | 삼미 | 맨해튼 | 복각판 덴마크롤 | 구운 사과 | 비타민카스텔라 | 온천빵

빵과 빵집의 디자인 갤러리① ··· 37

2부
일본 전국 현지 빵 총집합

크림 42 · 초코 50 · 카스텔라 53 · 양갱 62 · 일본품 66
기타 71

제브러빵 | 러브러브샌드 | 잼샌드 | 네오토스트 | 애플링 | 레몬빵 | 수박빵 | 꽈배기봉
스네키 | 치즈덴마크 | 삼각치즈빵 | 마이프라이 | 양도넛 | 런치빵 | 하토시샌드 | 신데렐라
크루아상 B. C. | 축빵

3부
모두의 동네 빵집

동일본 90

하라마치제빵 | 후타바야빵집 | 빵노카부토 | 고후루이과자점 | 기요카와제과제빵점
코티베이커리 | 조시야 | 베이커리 & 카페 빨간 머리 앤 | 미요시노 | 후쿠다빵 | 고타케제과
기무라야베이커리 | 아시아제빵소 | 닛타빵 | 오사마노빵

빵과 빵집의 디자인 갤러리② ·· **101**

서일본 106

나가노아사히도 | 오쿠무라베이커리 | 마루쓰베이커리 | 세이요켄 | 돈구 | 스기모토빵집
미카엘도 | 오기로빵 | 잇케이안 로바노빵공방 | 로바노빵 사카모토 | 시미즈제빵
수제 매실빵집 피노키오 | 도미즈 | 도쿄도제빵

빵과 빵집의 디자인 갤러리③ ·· **119**

4부
한결같은 맛에 색다른 종류까지!
대표 빵

야키소바빵 126 · 카레빵 130 · 단팥빵 138 · 잼빵 142 · 튀김빵 144
크림빵 146 · 멜론빵 150

빵과 빵집의 디자인 갤러리④ ·· **155**

빵 리스트 ·· **158**

칼럼
❶ 두뇌빵의 비밀 ·· **38**
❷ 그리운 자판기 빵 ·· **58**
❸ 추억의 학교급식 빵 ·· **86**
❹ 모닝 서비스의 발상지, 이치노미야시 ·· **102**
❺ '빵'이라고 불리는 현지 과자 ·· **156**

번외편 지진 재해를 계기로 탄생한 '빵 통조림' ······················· 57

점심시간에 돌진! 학교 매점 빵 ······························· 82

도쿄도 내 정취 있는 빵집 탐방 ····························· 120

맛이 각양각색! 삼각샌드위치 전문점을 둘러싼 이야기 ·············· 134

이 책에 나오는 일본 빵 용어

···

조리빵 : 빵에 가공식품이나 조리가 된 별도의 재료를 얹거나 끼운 빵. 샌드위치, 햄버거 등.

콧페빵 : 핫도그 번과 같은 타원형에 달지 않고 부드러운 식감의 빵. 주로 속 재료를 채워 먹는다.

데니시빵 : 넓게 편 반죽 사이에 버터나 마가린 등을 덩어리째 올리고 얇게 펴서 접는 과정을 반복해 여러 겹의 층을 만든 빵.

반찬빵(소자이빵) : 간식빵과 달리 조미하거나 조리한 재료(반찬으로 먹을 법한 재료를 포함)를 토핑한 빵.

이 책에 나오는 일본 연호의 시기

·······························

메이지明治 1868~1912년

다이쇼大正 1912~1926년

쇼와昭和 1926~1989년

헤이세이平成 1989~2019년

레이와令和 2019년~현재

1부

예나 지금이나 큰 인기!
계속해서 사랑받는 소울 빵

지역 특유의 요리나 특산품을 지칭하는 말 '소울 푸드'. 소울 푸드는 고장의 맛이자 자랑이자 고향 그 자체. 그 말은 빵에도 들어맞는다. 한 고장의 사람들이 오랜 세월 즐겨온 '소울 빵'은 일본 전국 각지에 존재한다. 그 빵 중에는 한정된 지역에서만 맛볼 수 있는 것들도 적지 않다. 여기서는 개성 있고 매력적인 갖가지 소울 빵을 소개한다.

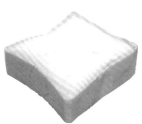

나가노현과 니가타현 조에쓰 지방의 빵집을 중심으로 판매되는 신슈 지역 먹거리의 하나. 두툼한 빵 사이에 휘핑크림을 채운 것이 기본 형태로, 점포에 따라 맛과 모양에 특색이 있다. 기원은 1950년대, 당시 나가노현 빵 조합이 '지역 활성화로 이어지기를 바라며' 우유빵 제조법을 강습회에서 공개함으로써 확산했다고 알려진다.

이것이 우유빵의 원조!

빵 봉지의 남자아이에게는 실제 모델이 있었다!?

멀리 떨어져 사는 가족에게 '그리운 고향의 맛'으로 우유빵을 보내는 사람도 많다고 한다.

나가노 **우유빵** 규뉴빵
牛乳パン
가네마루빵집

우유빵의 원조이자 개발자로 알려진 곳이 1952년 창업한 노포 베이커리, 가네마루빵집이다. 고급스러운 버터를 넣은 달콤한 크림이 폭신한 빵과 절묘하게 어울린다. 비법 재료로는 브랜디가 사용되었다.

빵과 버터크림 모두 몽실몽실 맛있어!

빵 봉지의 아이 일러스트를 그린 사람이 현 점주인 오하시 시게루 씨의 어머니. 오하시 씨의 세 살 무렵 모습을 그린 것이라고 한다.

예전에는 고등학교 매점에서도 판매되어, 현지 고등학교를 나온 이들에게는 '학생 시절 추억의 맛'이다.

나가노 우유빵 규뉴빵 牛乳パン
불랑제리나카무라

그래뉴당의 식감을 남긴

불랑제리나카무라만의 크림

빵은 가당중종법(사용할 밀가루의 일부와 효모, 물로 반죽해 발효시킨 중종에 설탕을 밀가루 전체 분량의 3~5% 배합하는 방식)을 사용해 부드럽고 보존 기간이 길며, 크림에는 그래뉴당을 섞었다. 일부러 완전히 녹이지 않고 자금자금한 식감을 남겼다. 빵이 탄생한 후 70년 넘게 동일한 제조법으로 만들고 있으며, 입안에 넣으면 강한 단맛이 느껴진다.

흰 바탕의 빵 봉지에 '우유빵'이라는 파란 글자!

아이와 젖소 일러스트는 우유빵 탄생 당시부터 사용해온 이미지다.

나가노 우유빵 규뉴빵 牛乳パン
고마쓰빵집

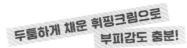

두툼하게 채운 휘핑크림으로 부피감도 충분!

메이지시대 중기 무렵에 곡물 및 술을 파는 가게로 개업해, 다이쇼시대 중반에 빵집도 겸하기 시작했다는 고마쓰빵집. 현 노포주가 4대째인 노포다. 폭신폭신한 빵 사이에 입안에서 살살 녹는 버터크림을 채웠고, 빵 전체의 부피감도 만족스럽다.

전체 높이 약 8cm 가운데 크림이 약 3cm. 계절에 따라 버터 등의 배합을 달리하는 장인정신.

크림도 듬뿍!

커다란 우유빵 완성

처음부터 이처럼 큼직하게 하려던 것이 아니라, 어쩌다보니 이렇게 됐다고 한다.

동네의 유일한 빵집
우유빵에는 수제 크림

나가노 **우유빵** 규뉴빵 牛乳パン
야지마제빵

제2차 세계대전이 끝난 후 전병가게로 개업했고, 1950년대 중반에 야지마제빵이 시작됐다. 70년 가까운 오랜 세월에 걸쳐, 동네의 유일한 빵집으로 사랑받고 있다. 우유빵에는 빵에 어울리도록 단맛을 조정한 수제 크림을 사용한다.

원료에 일본산 밀가루를 더함으로써 더욱 쫄깃쫄깃하게 완성했다. 소가 그려진 빵 봉지도 레트로한 느낌이 가득하다.

소박한 맛의 두뇌빵
잼과 마가린이 어울린다

산미가 조금 있는 사과잼을 섞은 두뇌빵(38쪽 참조)도 인기. 일본 국내산 밀가루를 사용했다.

시제품을 거듭 만들어 개발한
새롭고도 그리운 맛

나가노 **우유빵** 규뉴빵 牛乳パン
다쓰노빵

달짝지근한 빵 사이에 휘핑크림이 듬뿍. 시제품을 되풀이해 만든 끝에 개발된, 전체적인 균형감에 심혈을 기울인 우유빵. 커피나 홍차 등과 함께 먹으면 더욱 맛있게 느껴지도록 완성됐다.

사랑스러운 소가 우유병을 꽉!

흰색을 기ㄹㄹ 한 빵 봉지에는 우유병에 매달린 사랑스러운 이등신 소가 그려져 있다.

1958년 창업한 다쓰노빵. 학교급식이나 병원 등의 주식 빵도 제조하고 있다.

얇게 늘린 반죽을 롤 형태로 둥글린 후 틀에 나란히 넣어, 언덕 같은 형상으로 구워냈다. 슬라이스한 빵에 크림을 샌드하면 완성. 빵 반죽에는 신슈산 우유를 넣었다. 대표적인 '밀크' '커피' 외에 계절에 따라 기간 한정 제품도 있다.

우유빵 규뉴빵 牛乳パン
파스코

대표 제품은 밀크와 커피 계절 한정 맛도!

커피   딸기   기간 한정 크라운멜론

신슈산 우유를 넣은 것은 우유빵 발상지인 신슈를 향한 경의

역대 패키지

1990년경에 판매 개시. 몇 번의 변천을 거치면서도 소 일러스트는 역시 빼놓을 수 없다.

1994년   1998년   2001년

큼직하고 폭신한 빵. 다섯 개의 언덕 모양이라 손으로 뜯어 먹기 편하다. 밀크 크림에는 신슈산 우유를 사용했다.

60년 넘게 고장에서 사랑받는 우사시宇佐市의 맛 '기시다의 우유빵'

오이타   우유빵 규뉴빵 牛乳パン
기시다빵

牛乳パン
Milk Bread

다이쇼시대에 과자제조업으로 출발해서 약 60년 전부터 빵을 만들기 시작했다는 기시다빵. 이곳의 우유빵은 그 당시 제조법으로, 원재료 배합 비율도 바꾸지 않고 옛날 그대로의 소박하고 그리운 맛을 지금도 계승하고 있다.

Close-UP!

뭉실뭉실한 콧페빵에 설탕을 넣은 진한 우유 풍미의 화이트크림을 샌드. 하루에 2천 개가 완판될 정도로 인기 있는 빵이다.

평평하고 둥근 카스텔라 반죽 위에 반원형 빵이 올라간 모자빵. 탄생 계기는 1950년대 중반 무렵, 멜론빵 제조 중의 일이었다. 빵을 굽기 직전, 멜론빵 위의 비스킷 반죽이 없어서 대신 카스텔라 반죽을 부어 구운 결과 모자 형태가 되었다고 한다. 이윽고 '모자빵'이라는 이름으로 고치의 현지 빵으로 사랑받고 있다.

모자빵

 고치

모자빵 보시빵 ぼうしパン

나가노아사히도

어떤 우연에서 탄생한
도사土佐의 명물 빵!

모자빵의 발상지로 알려진 나가노아사히도는 1927년 창업한 노포다. 처음에는 '카스텔라빵'이라는 이름의 빵이었으나, 손님들이 '모자 모양을 한 빵'이라는 애칭으로 불러 모자빵이 되었다.

모자빵의 원조!
예스러운 소박한 맛

Close-UP!

카스텔라에 어울리도록 가운데 들어가는 빵도 약간 달달하게 반죽했다. 모자의 챙에 해당하는 부분에는 아무것도 넣지 않은 것이 기본형이다.

알루미늄포일로 감싸 오븐 토스터에서 5분 정도 데우면, 빵은 폭신하고 바깥쪽은 바삭해진다. 하지만 가장 맛있는 것은 역시 갓 구운 빵!

무려 직경 30cm!
빵으로 만든 쓸 수 있는 모자!?

인스타그램에 올리면 인기 있다는 '쓸 수 있는 모자빵'은 직경 약 30cm. 먹기 전에 꼭 사진을 찍게 된다.

고치 **모자빵** 보시빵
ぼうしパン
히시다베이커리

커다란 크기의 '머리에 쓸 수 있는 모자빵'은 양갱빵으로 유명한 히시다베이커리에서 판매하고 있다. 크기가 커져도 맛과 식감은 일반 크기의 모자빵과 동일하다. 혼자 먹기에는 너무 크므로 가족이나 친구와 나눠 먹자.

대·소 두 가지의 모자빵
갓 구운 빵은 폭신폭신!

1951년 창업한 히시다베이커리에서도 모자빵은 대표 상품. 물론 일반 크기도 있다. 갓 구운 빵은 폭신하고 부드럽다!

고치 **모자빵** 보시빵
ぼうしパン
야마테빵

가게마다 오리지널 제품을 개발한 끝에 초코나 크림, 팥 등을 넣은 다양한 종류가 생겨났다. 야마테빵에서는 사계절에 맞춰 계절 한정 모자빵도 만들고 있다. 참고로 여름에는 파인애플을 넣어 남국이 떠오르는 맛을 재현했다.

부드러운 콧페빵에
바삭한 카스텔라가!

말차 맛이나 초콜릿 맛까지
색이나 맛도 다양한 종류가

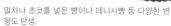

말차나 초코를 넣은 빵이나 데니시빵 등 다양한 변형도 탄생.

기본적으로 모자의 가운데 부분은 폭신폭신한 콧페빵, 챙 부분은 바삭한 식감의 카스텔라로 만들어져 있다.

15

외지인들은 '치즈토스트'로 착각할 듯하지만, 후쿠시마현 주민들은 이것이 '크림박스'라는 것을 알고 있다. 작은 식빵에 우유맛 크림을 도톰하게 올린, 고리야마 시민의 소울 푸드. 1976년 탄생해 고등학교 매점에서도 판매되는 등 지역민들에게는 친숙하며, 지금은 시내 여러 가게에서 제조 판매되고 있다.

크림박스

 후쿠시마

크림박스 쿠리무복쿠스 / 크림박스 クリームボックス
베이커리로미오

크림박스의 발상지인 가게로, 당시 종업원들이 '새로운 식사용 빵을 만들자'라는 생각으로 탄생시켰다고 한다. 한 변이 9cm, 두께 3cm 정도의 식빵 위에 밀크크림이 듬뿍 올라가 있다. JR고리야마역 구내에서는 한정 수량으로 상자 포장해 판매 중이다.

두껍게 썬 빵에 진하면서도 뒷맛이 산뜻한 밀크크림

크림박스의 원조! 귀여운 상자 포장도 있어요

쫄깃하고 부드러운 우유 풍미의 식빵에, 밀크크림 조합으로 큰 인기. 상자의 캐릭터는 '크림박스군'.

 후쿠시마

크림박스 쿠리무복쿠스 / 크림박스 クリームボックス
후타바야빵집

아이디어 만점의 간식빵과 반찬빵 종류가 풍부한 가게. 이곳의 크림박스는 보드라운 데니시 반죽을 사용한 것이 특징. 크림은 연유의 풍미를 더욱 살린 느낌으로, 도톰하게 듬뿍 발려 있다.

데니시빵 위에는 도톰하게 듬뿍 바른 크림!

새하얗고 달콤한 크림 간식빵으로 안성맞춤!

겉면이 바삭바삭한 데니시는 테두리 부분까지 고소하고 맛있다. 속은 촉촉하고 적당히 달콤해서 달달한 크림과의 궁합도 뛰어나다.

두껍게 썬 우유식빵에 크림,
이 황금 비율이 맛의 열쇠!

크림박스 쿠리무복쿠스
クリームボックス

오토모빵집

작게 구워 두껍게 자른, 달짝지근한 우
유식빵. 듬뿍 올라간 크림도 생크림
과 우유, 설탕으로만 만든 오리지널 크림.
이 우유식빵과 단맛을 줄인 크림의 황금 비
율이 맛의 열쇠!

고리야마 시내의 현립 고등학교에서도
오래전부터 판매되고 있어, 졸업생에게
는 '추억의 맛'이기도 하다.

새
하
얗
고
보
들
보
들
!

빵
도
크
림
도

(위) 카페오레박스도 인기.
크림에는 깊은 맛의 생유
가 들어간 커피인, 지역 유
음료 '라쿠오 카페오레'를
사용했다.

고장에서 오랜 세월 사랑받고 있는 오토모빵집. 1924년 사할린에서 주종
발효 제빵을 배운 초대 점주가 현재 자리에서 창업했다. '맛있는 빵을 조
금이라도 저렴하게'라는 초대 점주의 뜻을 지금도 이어가고 있다.

17

1953년, 이시카와현 고마쓰시에 개업한 빵아즈마야가 고안했다. 반죽에 달걀이나 생크림을 일절 넣지 않아, 밀가루의 소박한 맛을 즐길 수 있다. 하얀 빵에 새하얀 휘핑크림을 테두리까지 아낌없이 발랐으며, 그 제조법이 지금도 지켜져오고 있다. 한 팩에 식빵이 두 장 들어 있어 포만감이 들면서도 산뜻한 맛이어서 계속 들어간다고 평판이 자자하다.

화이트 샌드

화이트샌드 화이토산도 ホワイトサンド

빵아즈마야

마지막 한 입까지 빵과 크림의 하모니를 즐길 수 있는 수제 빵

이시카와의 유일한 제분회사인 가나자와 제분의 고급 밀가루 '롤랜드'를 사용한 식빵에, 직접 만든 휘핑크림을 테두리까지 샌드했다. 70년 넘게 변함없는 맛과 포장으로 부모에서 자식, 자식에서 손자까지 계속 사랑받고 있다.

가게 간판이나 벽면에도 화이트샌드의 모습이!

식빵이 크림의 맛을 돋보이게 한다. 적당히 달콤한 수제 휘핑크림은, 수작업으로 한 쌍의 빵 전체에 꼼꼼하게 발려 있다.

한 쌍에 식빵 두 장 총 두 쌍에 식빵 네 장으로 더욱 든든하게!

화이트샌드 화이토산도 ホワイトサンド

불랑제타카마쓰

가나자와시 전역의 빵 급식을 책임지고 있으며 간식빵이나 반찬빵, 피자 등도 충실한 불랑제타카마쓰. 매장 안에서도 먹을 수 있는데, 이때도 화이트샌드는 인기 상품의 하나다. 가게가 자랑하는 반죽과 크림으로 완성되었다.

창업 때부터 지켜온 장시간 중종법(재료의 일부를 반죽해 발효시킨 후, 나머지 재료를 넣어 한 번 더 반죽하는 것)을 기본으로 해 풍미 가득한 빵 본래의 맛도 즐길 수 있다.

아오모리

영국토스트
이기리스토스토
イギリストースト

구도빵

아오모리현 무쓰시 오미나토 지구에는 원래 윗부분
이 둥근 식빵에 버터를 발라 설탕을 뿌려 먹는 습
관이 있었는데, 그것을 참고하여 1967년 무렵 탄생했다.
그래뉴당의 자금자금한 느낌이 특징으로, 아오모리현 주
민들에게는 빼놓을 수 없는 존재다. '토스트하면 더욱 맛
있게 먹을 수 있다'라는 의미를 담아 이 이름이 되었다고
알려져 있다.

마가린 + 그래뉴당 = 맛있다!
아오모리현 주민들의 소울 푸드

Close-UP!

출시 당시에는 한 장의 식빵에 마가린과
그래뉴당을 뿌렸다. 지금처럼 두 장을 포
갠 것은 1976년부터다.

씹히는 맛이 무려 50% UP!
오도독한 식감에 중독된다!!

종류도 각양각색

상시 판매하는 6종 정도 외에 후지야와 콜라보한 밀키맛 등
늘 신상품이 개발되어, 역대 맛 종류는 200가지에 달한다.

씹는 맛을 더욱 살린 '스페셜 영국토스트'
(씹히는 맛 더욱 증가)도 등장.

19

현지 빵 붐이 일어난 현재, 샐러드빵이라고 하면 시가현 나가하마시에 있는 쓰루야빵의 상품을 가리키는 경우가 많다. 이곳의 속 재료는 단무지이지만, 전국 각지에는 스파게티나 감자샐러드에 프레스햄 등이 들어간, 모양도 속 재료도 다른 샐러드빵들이 존재한다. 현지 주민들에게는 그것이야말로 샐러드빵의 기본이다.

 시가

샐러드빵 사라다빵 サラダパン
쓰루야빵

말랑말랑한 콧페빵 안에 마요네즈로 버무린 단무지가 들어간 샐러드빵. 콧페빵의 은은한 단맛에 단무지의 짭짤함과 식감이 절묘하게 어울린다. 1962년 출시 이래 독특한 맛과 식감으로 큰 인기를 얻어, 쓰루야빵의 간판 상품이 되었다. 현지에서는 비엔나소시지나 고등어구이 등을 끼워 먹는 응용 레시피도 있다.

빵의 속 재료는 단무지 절임!?
1962년 탄생한 롱셀러

SALADROLL

Close-UP!

처음에는 마요네즈에 양배추를 버무려 넣었으나, 시행착오 끝에 식감도 좋고 보존성이 좋은 단무지로 바뀌었다. 쓰루야빵 창업자의 아내가 고안했다.

현지인도 관광객도
샐러드빵을 찾아서!

60년 이상 속을 채우는 공정을 수작업으로 하고 있다. 쓰루야빵의 샐러드빵의 명성은 지금은 일본 전국으로 퍼져, 가게에는 항상 줄이 끊이지 않는다.

이름하여, 이나즈마(번개)레인보우
샐러드빵 2018!

시가 출신의 니시카와 다카노리(일본의 유명 가수 겸 배우)가 주최하는 '이나즈마 록 페스티벌'에서 한정 판매되었다. 속 재료는 단무지, 시가현에서 난 히노나(시가현이 원산지인, 뿌리 부분이 자줏빛을 띠는 가느다란 무) 절임, 양하, 다시마 등이다.

샐러드빵이 유명하지만······
사실 넘버원은 이 빵!!

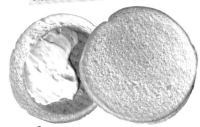

샌드위치 산도윗치
サンドウィッチ

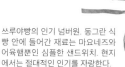

Close-UP!

쓰루야빵의 인기 넘버원. 동그란 식빵 안에 들어간 재료는 마요네즈와 어육햄뿐인 심플한 샌드위치. 현지에서는 절대적인 인기를 자랑한다.

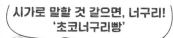

시가로 말할 것 같으면, 너구리!
'초코너구리빵'

Close-UP!

갓 구워낸 너구리의 표정이 귀엽다. 하나하나 얼굴이 다르기 때문에 무엇을 고를지 고민하는 사람이 많다나.

초코 맛 식빵의 햄가스초코도 등장. 속 재료는 그 옛날 추억의 햄가스. 통후추도 들어가 뒷맛이 알싸하다.

아키타현 내에서는 널리 알려진 다케야제빵. 이곳의 샐러드빵은 스파게티와 당근을 마요네즈 소스에 버무린 순한 풍미의 조리빵으로, 여성들에게도 큰 인기다.

샐러드빵 사라다빵 サラダパン

다케야제빵

학생조리 제 2탄
산뜻한 조리빵!

학생조리 제2탄. 여성도 산뜻하게 먹을 수 있도록 속을 스파게티샐러드로 채웠다.

미토의 고등학생에게는 친숙한
감자샐러드 반찬빵

이바라키

샐러드빵 사라다빵 サラダパン

니시무라빵

이바라키현 미토시의 고등학교 매점에서 판매되고 있는 빵으로, 미토 출신들에게는 청춘의 맛이다. 이곳의 빵 안에는 감자샐러드가 들어 있다. 1948년 출시 이후, 포장과 맛 모두 변하지 않았다.

반으로 가른 파커 하우스 롤빵(반죽을 둥글넓적하게 민 다음, 반으로 접어 구운 롤빵에 감자샐러드를 샌드했다. 단맛이 도는 빵과의 궁합도 뛰어나다.

프레스햄과 감자샐러드가 들어간
나가사키의 그리운 반찬빵

나가사키

본가샐러드빵 혼케사라다빵 本家サラダパン

빵노이에

빨간 프레스햄과 감자샐러드를 롤빵에 끼운 본가샐러드빵. 1917년 창업한 도요켄이 문을 닫을 때 레시피를 이어받아, 2014년부터 판매했다. 전통의 맛을 지키고 있다.

'꼬마 요리사'가 그려진 포장도 그 당시 그대로. 감자샐러드도 역시 전부 손수 만들었다.

아키타 **학생조리** 가쿠세초리 学生調理
다케야제빵

도시락에 버금가는 푸짐함!
배고픈 학생도 대대대만족!!

직접 만든 나폴리탄 스파게티, 어육소시지 튀김, 양배추샐러드가 들어간 속이 꽉 찬 반찬빵. 고등학교에 납품할 시제품을 제공할 때, 실수로 판매하고 말았다…… 그러나 학생들에게 큰 인기를 얻은 덕에 이처럼 독특한 이름이 붙었다. 아키타현 주민들에게는 그야말로 청춘의 맛. 어느 쪽부터 먹기 시작할지에 관해서는 현지에서도 의견이 분분하다.

이렇게나 푸짐한데, 356kcal로 의외로 건강하게!

먹는 즐거움이 있는
3종류의 재료를 샌드

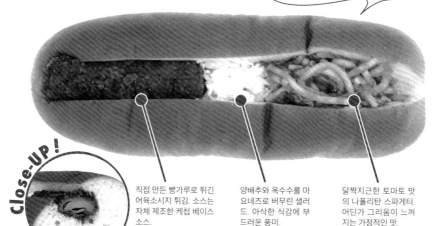

Close-UP !

직접 만든 빵가루로 튀긴 어육소시지 튀김. 소스는 자체 제조한 케첩 베이스 소스.

양배추와 옥수수를 마요네즈로 버무린 샐러드. 아삭한 식감에 부드러운 풍미.

달짝지근한 토마토 맛의 나폴리탄 스파게티. 어딘가 그리움이 느껴지는 가정적인 맛.

학생조리에는
시리즈가 있었다!

학생조리II   중년조리

중년조리는 현지 라디오 방송과의 콜라보 상품. 속 재료는 멘치가스, 양배추, 야키소바 등. 학생조리II는 속 재료를 매콤하게 한 성인 대상 제품이며, 모두 기간 한정으로 판매되었다.

예로부터 가나가와현 요코스카의 로컬 음식으로 유명한 감자칩빵. 나카이빵집의 선대 점주가 고안하여, 마침내 요코스카에서 널리 퍼졌다고 알려져 있다. 가게에 따라 감자칩이나 끼워넣는 재료, 소스의 맛 등에 차이가 있다. 가나가와현 미우라반도에서 재배된 신선한 양배추를 속 재료로 사용하는 곳도 많아, 비교하며 먹는 재미도 있다.

감자칩빵

가나가와

감자칩빵 포테치빵
ポテチパン
나카이빵집

반세기 전에 닥친 문제를 해결하다가 탄생

지금으로부터 반세기도 더 된 이야기. 근처 도매상에서 '어떻게 좀 안 되겠냐'며 감자칩 부스러기가 잔뜩 든 18L 사각 깡통을 가져왔다. 그것을 양배추와 버무려 빵에 채워넣은 것이 시작으로, 시행착오를 거듭하며 약 54년 전에 완성됐다.

close-UP!

빵을 조리하는 집기도 세월이 깃든 것이 많아 깊은 정취가

짭짤한 감자칩에 아오노리(파래 가루)를 뿌려 양배추와 마요네즈, 겨자와 함께 샌드한 후 당근을 토핑했다. 빵은 살짝 달콤한 간식빵 반죽이다.

근래에는 TV에도 자주 소개되어, 많을 때는 600개 가까이 팔리는 날도 있다고 한다.

하루가 지나도 파삭한 식감의 감자칩이 자랑이다. 오전 중에 완판되는 경우가 많다고 한다.

마요네즈 + 감자칩뿐인

심플한 재료로 승부

감자칩샌드 포테토칩푸산도 ポテトチップサンド

기타하라제빵소

가나가와

탄생은 약 50년 전. '나들이에 들고 가도 식중독에 걸리지 않을 빵'을 만들려다 탄생했기 때문에 처음에는 빵 안에 감자칩만 들어갔다. 현재는 수제 마요네즈 소스에 설탕도 넣어 단맛을 강화해, 감칠맛이 깊어졌다.

가나가와

감자칩빵 포테치빵 ポテチパン

와카후지베이커리

요코스카 구리하마에서 오랜 세월 사랑받고 있는 노포 빵집. 현지에서 재배된 신선한 양배추를 사용하며, 식감을 살리기 위해 일부러 양배추 심까지 넣었다. 짭짤한 감자칩과 양배추, 비장의 마요네즈와의 콤비네이션이 절묘하다. 감자칩도 진짜 감자 같다.

현지산 신선한 양배추와 비장의 마요네즈가 승부수!

요코스카카레빵 등도 인기다. 마스코트 '포테빵군'은 약 8년 전에 종업원이 고안했다.

서벅서벅 양배추와 감자칩의 환상적인 결합

요코스카감자칩 요코스카포테치 横須賀ポテチ

요코스카베이커리

가나가와

부드러운 식감의 빵을 사용했다. 양배추와 옥수수 콜슬로에 마요네즈를 더하고, 새콤달콤한 속 재료에 김&소금맛 감자칩을 샌드했다. 겨울에는 조금 달콤하게, 여름에는 다소 새콤하게 하는 등 계절에 따라 맛을 바꾸는 장인정신.

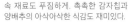
속 재료도 푸짐하게. 촉촉한 감자칩과 양배추의 아삭아삭한 식감도 재미있다.

시즈오카 **키다리빵** 놉포빵
のっぽパン
반데롤

그 이름대로 기다란 빵!
길이가 무려 34cm!!

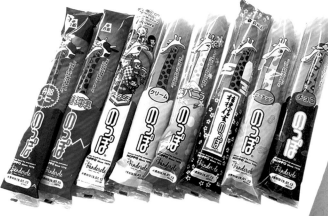

시즈오카현 주민들에게는 그야말로 소울 푸드. 1978년 등장한 이래, 졸린 듯한 눈을 한 기린 캐릭터와 함께 40년 넘게 계속해서 사랑받고 있다. 상미기한(품질이 유지되어 맛있게 섭취할 수 있는 기한)이 짧기 때문에 누마즈 공장에서 반출할 수 있는 범위 내에서만 판매된다. 그것이 일본 전국으로 진출할 수 없는 이유다. 처음에는 '크림'만 판매했으나, 현재는 다양한 맛이 나오고 있다.

이벤트 한정 상품!
푸짐한 반찬빵 종류도 있다

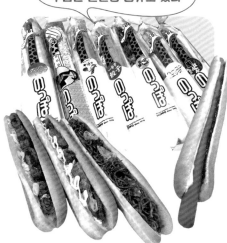

Close-UP!

심플한 빵에 어울리는 크림을 끝에서 끝까지 채웠다. 맛과 배합이 절묘한 균형을 이룬다!

핫도그(오른쪽)는 소시지가 빵 밖으로 튀어나올 정도다. 또 후지미야야 키소바, 구로한펜(으깬 생선 살에 참마와 전분 등을 섞어 찐 폭신한 어묵. '구로'는 검다는 뜻으로 혈색소를 포함해 회백색을 띤다) 등 현지 특산물과 콜라보한 맛도 있다.

계절별 한정 버전!

딸기 / 크라운멜론 / 메이플 / 고구마 / 말차

가을 계절상품으로 매년 등장하는 '자금자금 메이플' 등 계절별 한정 맛도 있다.

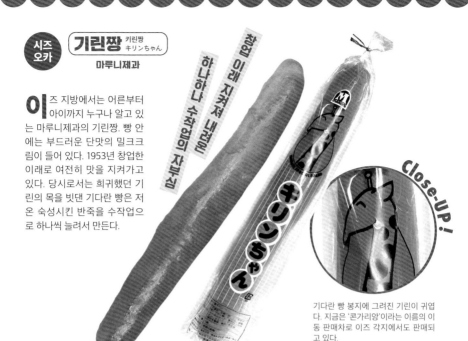

기린짱 _{키린짱} _{キリンちゃん}
마루니제과

창업 이래 지켜져 내려온
하나하나 수작업의 자부심

이즈 지방에서는 어른부터 아이까지 누구나 알고 있는 마루니제과의 기린짱. 빵 안에는 부드러운 단맛의 밀크크림이 들어 있다. 1953년 창업한 이래로 여전히 맛을 지켜가고 있다. 당시로서는 희귀했던 기린의 목을 빗댄 기다란 빵은 저온 숙성시킨 반죽을 수작업으로 하나씩 늘려서 만든다.

Close-UP!

기다란 빵 봉지에 그려진 기린이 귀엽다. 지금은 '콘가리양'이라는 이름의 이동 판매차로 이즈 각지에서도 판매되고 있다.

교토 주민이 인정했다!
한번 먹으면 자꾸 찾게 되는 맛

카르네 _{카루네} _{カルネ}
시즈야

독일의 카이저젬멜을 사용한 샌드위치를 참고해 탄생했다. 폭신한 식감의 프랑스 빵 사이에 오리지널 마가린과 햄, 아삭한 식감의 양파를 채워넣었다. 1970년대 중반부터 판매된, 교토 주민들이 사랑해 마지않는 롱셀러 상품. 오븐 토스터로 1~2분 구워 먹으면 훨씬 맛있다.

Close-UP!

어디를 베어 물어도 빵, 마가린, 햄, 양파의 맛이 일정하다! 마가린의 양이나 바르는 방법도 엄격하게 정해져 있다.

시마네 | **장미빵** 바라빵/バラパン
난포빵

시마네현 이즈모시에 자리하여, 주민들에게 사랑받아온 난포빵. 1949년경, 당시 제빵사가 '장미꽃처럼 아름다운 빵을 만들고 싶다'라는 마음으로 시행착오를 거듭한 끝에 장미빵이 탄생했다. 이후 약 70년 넘게 맛, 모양, 포장 디자인 모두 그 당시 그대로여서 이제는 주민들에게 없어서는 안 될 존재가 되었다.

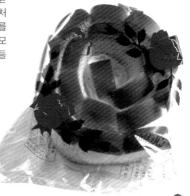

빵 봉지에도 인쇄된 이미지 캐릭터 '난포군'. 창업했을 무렵 탄생해, 지금은 그에 대한 내력을 아는 사람은 어디에도 없다고 한다……

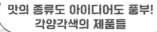
맛의 종류도 아이디어도 풍부!
각양각색의 제품들

커피, 말차 등의 맛 외에 이즈모히노미사키 등대 저편으로 가라앉는 석양을 본뜬 '석양 장미빵' 등의 기획 상품도 있다.

얇고 긴 반죽을 나란히 늘어놓고 파도 모양으로 구워내, 세로로 길게 슬라이스한다. 수작업으로 정성스럽게 크림을 바른다.

시마네 **로즈빵** 로즈빵
ROSEパン
기무라야제빵

장미꽃을 본뜬
돌돌 말린
예쁜 빵

빨간 글자로 'ROSE'라고 적
힌 레트로한 포장의 로즈빵.
1948년 창업한 기무라야제빵의 인
기 빵이다. 여기도 시마네현 이즈모
시에 있는 노포 빵집으로, 장미꽃을
형상화한 빵은 시마네의 현지 빵이
기도 하다. 가로로 길쭉한 빵에 버
터크림을 바른 후, 장미 모양이 되
도록 정성스레 말아 완성했다.

예쁜 포장 안에는 장미 모양으로 돌돌
말린 예쁜 빵이 있다. 폭신한 빵에 소
박한 맛의 크림이 잘 어울린다.

효고 **니시카와플라워** 니시카와후라와
ニシカワフラワー
니시카와식품

니시카와식품 인기 넘버원
달콤함이 인기인 롱셀러!

몽실몽실 부드러운 빵에 바닐라 풍미의 밀크
크림을 채운 후 말아서 꽃다발을 형상화하
고, 아이싱을 발라 완성한 달콤한 빵 니시카와플
라워. 1965년 출시 이래, 줄곧 니시카와식품의 수
많은 빵 가운데 항상 단연코 높은 인기를 자랑하
고 있다. 과자 같은 달콤한 빵이지만, 왠지 옛 생각
이 나는 소박한 맛이다.

기본과 캐러멜의 두 가지 색 빵을 사용한다.
빵 안에는 바닐라 풍미의 밀크크림, 빵 위에
는 달콤한 아이싱이 덮여 있다.

두 가지 색 빵 안에는
달콤한 크림이 듬뿍!

close-UP!

바나나크림롤
바나나쿠리무로루
バナナクリームロール

오카야마키무라야

오카야마현 주민들의 주식이 된, 한 세기의 노포 빵집이 자랑하는 롱셀러 빵

오카야마시를 중심으로 직판장과 총판장을 합쳐 80개 이상의 점포를 운영하는 오카야마키무라야. 연간 50종 이상의 새로운 빵을 계속해서 만들어내는 가운데, 오카야마키무라야의 대명사로 절대적인 인기를 자랑하고 있는 빵이 바나나크림롤이다. 부드러운 롤빵에 특제 바나나크림을 샌드한 롱셀러로, 연령층에 상관없이 인기인 제품이다. 오카야마 명물로 일본 전국에서 주목을 받고 있다.

커피에 초콜릿, 바나나초콜릿, 블루베리, 마가린, 땅콩크림 등 종류도 다양한 롤빵 시리즈. 오른쪽은 바나나크림롤의 예전 포장.

바나나크림롤 그 등장은, 무려 1955년!

1953년에 벚꽃 단팥빵(위)과 스네키(76쪽)가 탄생했다. 그로부터 2년 뒤, 초콜릿이나 잼 롤빵과 함께 바나나크림롤도 등장했다.

오키
나와

나카요시빵 나카요시빵
なかよしパン

구시켄빵

봉지 포장된 간식빵으로는 일본 최대급, 약 40cm X 15cm나 되는 거대함을 자랑한다. 그 크기 덕분에 뜯어 먹기 편하도록 7개의 선이 있다. 오키나와에는 3대가 사는 대가족이 많기 때문에 '다 함께 뜯어서 사이좋게 먹었으면' 하는 마음을 담아 1960년경에 탄생한, 오키나와를 상징하는 빵이다.

일본 최대급 대왕 빵!
대가족이 많은 오키나와의 상징!?

폭신하고 부드러운 코코아 빵에 바닐라 풍미의 쫀쫀한 크림을 샌드. 빵 봉지의 '배꼽 달린 개구리 캐릭터'도 출시 당시부터 거의 변하지 않았다.

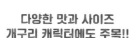

다양한 맛과 사이즈 개구리 캐릭터에도 주목!!

오키나와는 외국인 거주자가 많아 땅콩크림 스타일의 빵도 인기였던 덕에 다양한 종류가 탄생했다. 절반 크기인 '나카요시빵 하프'도 있다. 맛에 따라 다른 개구리 일러스트를 보는 것도 즐겁다.

특제 버터크림을 회오리 모양으로 감싼 회오리샌드(우즈마키산도)는 어린아이에게 인기 있는 롱셀러 상품이다.

31

베타초코
베타초코
ベタチョコ

다이요빵

**빵 위는 초코로 넘쳐흐를 듯!
초코를 마음껏 즐길 수 있다!!**

세로로 갈라 펼친 콧페빵에 버터크림을 샌드했다. 거기에다 아낌없이 초콜릿을 코팅한 베타초코. 초콜릿이 값비싸 귀했던 시절에 초코를 마음껏 즐겼으면 하는 바람에서 탄생했다. 1964년 발매 이래, 야마가타의 소울 푸드로서 오랜 세월 고장에서 사랑받고 있는 대표적인 맛이다.

**반으로 접어 먹는 것이 정석
한 입에 초코가 가득**

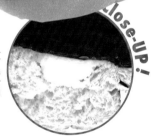

빵이 덮여 가려질 정도로 넘칠 듯 호쾌하게 발린 달콤한 초코. 빵과 초콜릿 사이에는 은은한 단맛의 버터크림이 들어 있다.

Close-UP!

3종류의 초코를 사용한 초호화 '프리미엄 베타초코' 외에 초코민트, 콩가루, 말차 등 맛의 종류도 다양하다.

삼미 삼미 サンミー

크림, 시폰빵, 초코 세 가지 맛이라 삼미!!

쇼와시대 중기, 당시 사장이 미국에서 먹었던 데니시의 식감에 감명을 받아 개발이 시작되었고, 1971년 탄생했다. 구울 때 부풀어 오르는 것이 상식이었던 빵을, 먹기 좋은 평평한 모양에 과자처럼 독특한 식감으로 만들었다. 빵 안에 크림을 샌드하고, 위에는 초코 시폰빵을 덮어 세 가지 맛을 즐길 수 있는 삼미.

지역·기간 한정 맛부터 '사미' 제품도!?

삼미에 또 하나의 맛을 추가한 '사미'도 기간 한정으로 출시됐다. 과연 재치 있는 오사카 사람들!

1978년경   1987년

출시 당시에는 지금의 맛이 아니라 오렌지잼, 초코, 퐁당(주로 양과자 장식에 사용하는 순백색 설탕액)의 삼미.

(위)오코노미야키 소스&마요네즈의 '오코노미야키풍'. (오른쪽 위)슬라이스치즈를 올린 '치즈 온'. (오른쪽 아래)마시멜로를 올린 '스모어풍'. 모두 오븐 토스터로 2분이면 완성되는 간단 조리! 시도해보세요!!

이렇게 먹을 수도 있어!? 공식 추천 레시피!!

맨해튼 _{망핫탄} マンハッタン

료유빵

초코의 달콤함과 와삭한 식감에 중독된다!
맨해튼풍의 세련된 간식빵

조금 단단한 빵에 초콜릿이 코팅된 맨해튼. 1974년 출시 이래, 료유빵 안에서도 항상 판매 순위 상위권에 드는 오랜 히트 상품으로, 후쿠오카현 주민들에게는 대표적인 간식이다. 당시 개발 담당자가 뉴욕 맨해튼에서 본 상품을 참고해서, 맨해튼이라는 지명이 그대로 상품명이 되었다.

학교 매점에서는 바로 품절되기 때문에 '환상 속의 빵'이라고 불린 적도 있다. 인기 상품인 만큼 4개들이 제품도 발매되어 있다.

빵의 와삭한 식감이 최대 특징으로, '이제까지 도넛에서 볼 수 없던 식감'이 큰 인기를 얻었다.

close-UP!

출시 당초부터 변하지 않는 세련된 포장

과거에 출시된 다양한 종류의 맛. 스위트초코나 말차, 아몬드크런치 토핑 등도 있다.

맨해튼의 마천루들이 그려진 빵 봉지. 예나 지금이나 맨해튼의 얼굴이다.

히로시마

복각판 덴마크롤 _{혹코쿠반덴마쿠로루}
復刻版デンマークロール

다카키베이커리

녹인 버터를 바른 반죽을 회오리 모양으로 만들어 퐁당을 토핑한 덴마크롤. 1959년 창업자가 덴마크에서 먹었던 데니시페이스트리의 맛에 감동해, 시행착오를 거쳐 탄생한 간식빵이다. 한때 생산을 중단했으나, 2007년에 부활했다. 예전 그대로의 포장에 소박한 맛을 되살렸다.

추억의 맛이 21세기에 부활
회오리 모양의 소박한 간식빵

은연한 버터의 향을 느낄 수 있는 풍부한 배합이 맛있다며, 발매 초기부터 사랑받고 있다.

후쿠오카

구운 사과 _{야키링고}
ヤキリンゴ

료유빵

둥근 케이크 같은 빵에 사과 풍미의 버터크림을 채운 심플한 간식빵. 사과는 들어 있지 않으나, 귀여운 모양과 은은하게 감도는 사과 향이 아이들에게 큰 인기다. 료유빵에서는 1962년경부터 판매를 시작했다. 지금은 규슈뿐만 아니라 간사이 지방에서도 판매되는 롱셀러가 되었다.

은은하게 감도는 사과 향
아이들에게 큰 인기인 간식빵

동그랗고 귀여워
간식에 안성맞춤

위는 출시 초기의 포장과 상품. 자식부터 손주까지, 세대를 뛰어넘어 소비되는 제품이다.

규슈에서 '야키링고'라고 하면 이 빵을 가리킨다. 지금은 폐점한 나가사키시의 빵집 도요켄이 발상지로 추정된다.

35

훗카이도 주민이 자랑하는 롱셀러 빵

제2차 세계대전 이후 식량난에 따른 영양 부족을 해소하기 위해 비타민B1·B2를 배합. 지금도 예로부터 변하지 않는 맛을 지켜오고 있다.

비타민카스텔라 <small>비타민카스테라 ビタミンカステーラ</small>

다카하시제과

<small>훗카이도</small>

다이쇼시대, 당시 고급품이었던 카스텔라를 누구든 먹을 수 있도록, 가능한 한 저렴하게 제공하기 위해 탄생시킨 것이 전신인 봉카스텔라다. 그 후 개량을 거듭해 1950년대 중후반, 지금의 형태가 되었다. 신선한 달걀을 사용하여 수분량을 최대한 줄임으로써 장기 보존이 가능하게 했다. 보드라우면서 파삭거리는 독특한 식감이 우유나 커피와도 완벽한 궁합을 이뤄, 훗카이도 주민들에게 꾸준히 사랑받고 있다.

다카하시제과의 창업은 먼 옛날 무려 다이쇼시대!

종업원들 간식이던 일약 고장의 명물로

식빵보다는 단단하고, 프랑스빵보다는 부드러운 신기한 식감. 전자레인지에 데우면 폭신하고 쫄깃한 식감이 살아난다. 종류도 10종 이상이나 된다.

온천빵 <small>온센빵 温泉パン</small>

온센빵

<small>도치기</small>

지금으로부터 약 40년 전, 당시 제빵사가 3시 휴게 시간에 구워 먹던 빵을 베이스로 개발했다. 소박하고 씹으면 씹을수록 맛있는 빵. 단맛이 적고 추억을 떠올리게 하는, 묵직하고도 뭉실한 빵은 다른 곳에선 접하기 힘든 맛이다. 그대로 먹어도 좋고, 우유에 적셔 먹어도 좋다. 슬라이스해서 오븐 토스터에 구우면 더욱 고소하고 맛있다.

씁쓸한 커피, 참깨, 메이플캐러멜 등등 종류도 다양하다!

무심코 갖고 싶어지는 귀여운 빵 봉지나 손 그림의 정취도 느낄 수 있는 레트로한 로고, 한눈에 메이커를 알 수 있는 개성 넘치는 캐릭터 등등. 보기만 해도 즐거운 멋진 디자인을 엄선!

빵 봉지에는 '두뇌빵頭腦パン(즈노빵)'을 매일 먹고 열심히 공부해서 우수한 성적을 거두세요'라는 문장이 있다. 1960년대에 등장한 두뇌빵이 지금 다시 각광을 받고 있다. 대체 '두뇌빵'이란 무엇 인지 그 역사를 파헤쳐보자.

두뇌빵 봉지에는 공식 캐릭 터인 두뇌박사의 멋있는 일 러스트가 그려져 있다.

　이시카와현을 중심으로 수많은 빵 제조사와 빵집에서 제조·판매하고 있는 '두뇌 빵'. 일본 빵 역사상, 처음으로 이 이름의 빵이 등장한 것은 1960년의 일이다.

　시작은 같은 해, 대뇌생리학자이자 작가인 하야시 다카시가 저서 『머리가 좋아지 는 책: 대뇌생리학적 관리법』에서 제창한 내용에 있다. 그에 따르면 '밀에 있는 비타 민B1을 다량 포함하는 제분법으로 만든 두뇌분'을 원료로 한 빵을 먹으면, 두뇌 작용 이 활발해져 기억력과 사고력이 좋아진다. 왜냐하면 뇌가 필요로 하는 에너지원은 포도당뿐인데, 포도당으로 분해하는 데 비타민B1이 필수이기 때문이라는 것이다. 이시카와현의 가나자와제분은 즉시 그의 이론을 바탕으로 '두뇌분'을 개발했다. 전 국의 빵 업체 10곳은 '두뇌빵연맹'을 발족시켜 두뇌분을 사용한 빵에 '두뇌빵'이라 이 름 붙였고, 각 업체에서 판매하게 되었다. 빵 봉지에는 연맹의 캐릭터인 두뇌박사 일 러스트와 함께 '두뇌빵을 매일 먹고 열심히 공부해서 우수한 성적을 거두세요'라는

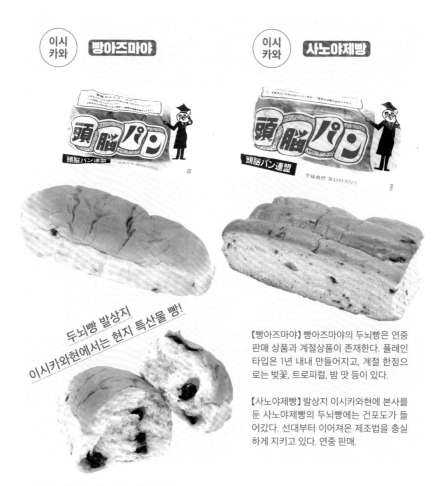

이시카와 **빵아즈마야**

이시카와 **사노야제빵**

두뇌빵 발상지
이시카와현에서는 현지 특산물 빵!

【빵아즈마야】 빵아즈마야의 두뇌빵은 연중 판매 상품과 계절상품이 존재한다. 플레인 타입은 1년 내내 만들어지고, 계절 한정으로는 벚꽃, 트로피컬, 밤 맛 등이 있다.

【사노야제빵】 발상지 이시카와현에 본사를 둔 사노야제빵의 두뇌빵에는 건포도가 들어갔다. 선대부터 이어져온 제조법을 충실하게 지키고 있다. 연중 판매.

문장이 인쇄되어 있다. 이렇게 각 업체가 맛을 내는 방법과 빵에 넣을 재료를 궁리해 내 수많은 두뇌빵이 세상에 나왔고, 두뇌빵은 이시카와현에서 시작된 획기적인 빵으로 사람들 사이에 널리 알려지게 되었다.

시간은 흘러 두뇌빵의 인기가 점차 떨어지면서 한때는 거의 볼 수 없게 되었지만, 1993년 TV방송을 계기로 도쿄대학생협에서 판매되기 시작했고, 수험생을 중심으로 재차 붐을 일으켰다. 이 무렵 두뇌빵을 부활시키려는 업체도 늘기 시작해, 다시 수많은 두뇌빵이 가게에 놓이게 된 것이다.

결코 먹는 것만으로 머리가 좋아질 리 없는 두뇌빵. 그러나 그 이름의 울림에는 성적을 올리고 싶어하는 아이들과 수험생을 둔 부모를 끌어당기는 매력이 있다. 이시카와현의 소울 푸드로서 열혈 팬은 여전히 많다.

간토에서 시작된 두뇌빵 온갖 맛을 선보이는 중!

사이타마 **이토제빵**

알갱이가 살아 있는 땅콩크림

사박사박 초코 & 휘핑

초코샌드

1992년에 부활 제1호 두뇌빵을 출시한 이후, 온갖 맛의 두뇌빵을 선보이고 있다. 카레빵이나 멜론빵 등도 있었다. 여기 있는 빵들은 2022년에 나온 3종류.

아오모리 **구도빵**

두뇌빵의 '빠パ'라는 글자로 '번쩍이는 전구'를 형상화. 구도빵의 두뇌빵은 입시 시즌에만 한정 판매된다.

아오모리산 두뇌빵은 입시 시즌 한정!

2부
일본 전국 현지 빵 총집합

바닐라나 커피, 버터 풍미의 크림이 듬뿍 들어간 빵, 초코가 코팅된 빵, 카스텔라나 양갱 같은 빵. 일본 전국 어디에나 있을 법한 빵이어도 실은 지역에 따라 맛이나 모양, 제조법 등이 전혀 다른, 그야말로 '현지 빵'이라고 불리는 것이 적지 않다. 여기서는 로컬 스타로 고장에서 사랑받고 있는 현지 빵을 소개한다.

크림

신콤3호 싱코무상고 シンコム 3号

가고 시마

이케다빵

1961년에 발매된 양과자빵의 복각판 신콤3호. 소박한 맛의 부셰(붓세. 겉은 파삭하고 속은 부드러운 질감의 타원형 스펀지케이크에 잼이나 크림을 샌드한 구움과자)에 바닐라 풍미 크림을 샌드한 빵으로, 예로부터 많은 사람들에게 사랑받고 있다. '신콤'이란 미국이 쏘아 올린 세계 최초 정지위성의 이름으로, 3호는 미국과 일본 간 도쿄올림픽 TV 중계에 성공했다. 우유나 차와 함께 먹는 것을 추천한다.

그려진 위성의 비밀은?

차갑게 해서 먹으면 더 맛있다!

일반 가정에서 아이스크림을 먹지 못하던 시절, 냉장고에서 차게 식힌 '신콤3호'는 아이들의 인기 간식이었다고 한다.

스페이스아폴로 스페스아포로 スペースアポロ

히로 시마

후지빵

환상 속의 빵이 부활!

싸라기설탕이 들어간 크림 폭신폭신한 빵과

Close-UP!

반원형의 보드라운 스펀지케이크에 우유 풍미의 크림을 샌드했다. 크림에 토핑된 싸라기설탕의 식감도 재미있다.

1975년경, 후지빵의 계열사인 나가이빵이 제조·판매하던 아폴로가 스페이스아폴로로 부활했다. TV 프로그램 기획 '인터넷에도 나오지 않는 수수께끼 빵'으로 SNS상에서 화제가 되어, 2020년에 직원의 기억에 의존해 재현했다. 2개월 한정으로 출시한 결과 큰 반향을 일으켜, 지금은 전국적으로 통상 판매하는 상품이 되었다.

아이치

데세르 _{데세루}
데세루
デセール
야마토빵

수작업으로밖에 만들 수 없는 심플한 구움과자 데세르. 커다란 쿠키 두 개를 겹친 듯한 빵 사이에는 달콤한 버터크림이 발려 있다. 오랜 세월에 걸쳐 야마토빵의 주력 상품으로 자리하고 있으며, 아이치현 내에서도 히가시미카와에서만 판매되는 환상 속의 빵이기도 하다. '데세르'란 프랑스어로 '디저트'라는 의미다.

밀은 양과자에 가장 어울리는 아이치현산 기누아카리를 사용. 공들인 맛뿐만 아니라 지역과의 연계도 소중히 하고 있다.

심플하고 부드러운 달콤함
마치 디저트 같다

히가시미카와에서만 한정 판매

 아이치

죽순빵 _{타케노코빵}
타케노코빵
たけの子パン
야마토빵

본고장 도요카와에서는 연일 완판!

도요카와 시내를 중심으로 절대적인 인기를 자랑하는 현지 빵. 지금으로부터 약 반세기 전, 데니시페이스트리 반죽을 작은 나팔 형태로 만 빵을 초대 사장이 '죽순빵'이라고 명명하며 상품화했다. 빵 안에는 몽실몽실한 휘핑크림이 듬뿍. 기온이 높으면 크림이 녹기 때문에 여름에는 판매하지 않는다. 그로 인해 '꿈의 빵'으로도 불린다.

아이치현산 밀 유메아카리를 사용. 파삭한 데니시페이스트리 빵으로, 촉촉한 크림과의 궁합도 최고다.

딱 좋은 단맛의
크림이 듬뿍!

패밀리롤 <small>화미리로루
ファミリーロール</small>

오키나와

하마쿄빵

오키나와 남부의 인기 빵

촉촉하고 부드러운 빵 안에 순하고 달콤한 코코아맛 크림이 들어간 패밀리롤. 하마쿄빵의 창업자인 다마키 씨가 5개들이 포장으로 상품화한 것이 시초라고 여겨진다. 배송 문제로 제조공장이 있는 이토만시에 인접한 시의 슈퍼에서만 판매한다. 탄생부터 50년 이상의 역사를 간직한, 오키나와 남부의 인기 현지 빵이다.

빵을 위아래 절반으로 나눠, 크림 면을 위로 해서 오븐 토스터에 적당히 구우면 또 다른 맛을 느낄 수 있다.

동글동글 작은 빵에 크림이 잔뜩

크림샌드 <small>쿠리무산도
クリームサンド</small>

미야기

게센누마빵공방

계승되는 게센누마의 맛

1945년 무렵부터 70년 넘게 미야기현의 게센누마에서 사랑받아온 '게센누마산 크림샌드'의 원조. 이전까지 다른 사람이 만들다가, 후계자가 없다는 이유로 폐점하게 되었다. 그러다 2002년에 게센누마의 추억의 맛을 사라지게 할 수 없다며 게센누마빵공방이 그 맛을 물려받았다. 빵의 재료도 맛도 옛날 그대로다.

초코크림

단팥크림

땅콩크림

호두크림

흑당크림

커피크림

참깨크림

동일본대지진 당시, 일본 전국에서 모여든 자원봉사자가 이 맛을 알게 되어, 그 이름이 퍼졌다는 일화도 있다. 맛의 종류도 다양하다.

달걀을 사용하지 않은 빵 반죽 구우면 더욱 맛있다!

이와테

커피샌드 _{코히산도} コーヒーサンド

오리온베이커리

흑당 콧페빵에 커피크림을 샌드한 커피샌드. 빵의 달콤함과 커피크림의 쌉쌀함이 알맞게 어우러져, 커피를 잘 못 마시는 사람에게도 호평을 받고 있다. 원래는 아키타의 소울 빵이었는데, 이와테의 오리온베이커리가 경영난을 겪던 제조사에서 생산 권리를 이어받았다. 레트로한 빵 봉지도 1950년대 중반 출시 당시와 거의 같다.

이와테에서 만든 '아키타의 소울 빵'

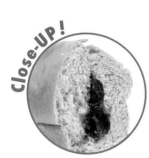

Close-UP!

폭신폭신 콧페빵에 진한 커피크림

콧페빵 위쪽에 난 칼집 사이에 진한 커피크림이 들어 있다. 폭신폭신한 빵에 꾸덕한 크림이 잘 어울린다!

 아키타

커피 _{코히} コーヒー

다케야제빵

쌉싸래한 맛이 인기인 명물 빵

1965년에 발매된 '커피'. 출시 당시에는 틀을 사용해 구운 미니 브레드 타입의 상품이었다. 그러나 너무 많이 팔린 나머지, 틀에 붓는 작업으로는 따라가지 못해 롤 형태로 변경했다. 대량생산이 가능해지자, 지금과 같은 형태의 '커피'가 탄생했다. 쌉싸래한 커피크림은 출시 당시부터 바꾸지 않고 고집하는 맛이다.

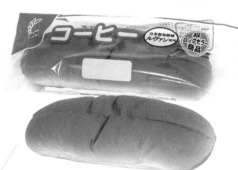

고집스러운 커피 맛 쌉쌀함 안에 적당한 달콤함!

본격적인 맛의 커피크림은 빵과 궁합 최고!!

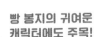 **도야마** **커피스낵** 코히스낙쿠
コーヒースナック
사와야식품

왕년의 히트곡에서 따온 이름

1976년, 창업자인 사와야 씨가 고안. 당시 유행하던 퍼플섀도즈의 히트곡 〈작은 스낵(스낵바)〉에서 따온 것으로, 스낵의 의미는 다르지만 '커피스낵'이라 지었다고 한다. 중고등학교 매점에서도 판매되어, 도야마현 주민이라면 누구나 사랑하는 롱셀러 상품이다. 빵 반죽에 사용하는 밀가루는 가나자와제분의 최고급품이나.

빵 봉지의 귀여운
캐릭터에도 주목!

위쪽이 둥근 커피 맛 식빵에 커피크림을 샌드. 커피 향이 풍부해서, 사와야식품 안에서도 부동의 매출 1위를 자랑한다.

후쿠이 **커피샌드** 코히산도
コーヒーサンド
오카와빵

진하고 깊은 풍미의 커피 맛!

커피 풍미의 보드라운 식빵에, 크리미한 커피크림을 듬뿍 바른 커피샌드. 1960년대에 탄생해 예로부터 변하지 않는 맛으로, 후쿠이현 내에서는 누구나 알고 있는 소울 빵이다. 어른은 물론, 아이들도 먹었으면 하는 마음으로 개량을 거듭한 결과, 보다 부드럽고 진한 커피 맛 크림이 되었다.

보드라운 식빵에 샌드
진한 커피 맛

브라질과 콜롬비아산 커피콩을 사용한, 진하고 깊은 풍미의 커피크림이 특징.

둥근 식빵 커피샌드 <small>야마가타코히산도
山型コーヒーサンド</small>
빵아즈마야

샌드빵 시리즈 이시
카와

이시카와현을 대표하는 현지 빵의 하나로, 그 이름이 전국적으로 알려지게 된 빵아즈마야의 화이트샌드. 여기에 더해 샌드빵 시리즈 라인업에는 커피, 크림, 피넛, 초콜릿, 잼 맛이 있다. 70년 넘게 바뀌지 않는 포장도 레트로한 멋이 가득하고 사랑스럽다. 여기서는 3종류의 샌드빵을 소개한다.

Close-UP!

커피 풍미의 두툼한 둥근 식빵에 향이 진한 커피크림을 발랐다. 커피의 쌉쌀한 맛, 풍미를 충분히 즐길 수 있다.

피넛샌드 <small>피낫츠산도
ピーナッツサンド</small>
빵아즈마야

Close-UP!

화이트샌드에 이은 인기 상품. 어떤 맛이든 토스터로 구우면 맛이 달라진다. 얇은 빵의 바삭한 식감을 즐길 수 있다.

크림샌드 <small>쿠리무산도
クリームサンド</small>
빵아즈마야

Close-UP!

두 장의 식빵에 부드럽고 달콤한 커스터드크림을 듬뿍 샌드했다. 한 봉에 두 장이 들어 있어, 간단한 끼니로 최적이다.

시가

스마일샌드 스마이루산도
スマイルサンド

쓰루야빵

동그랗고 빨간 젤리에 심쿵

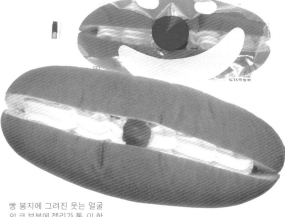

반세기도 더 된 옛날, 쓰루야빵의
창업 당초 가장 인기 있었다는 스
페셜샌드를 스마일샌드로 재출시
했다. 몰랑몰랑한 콧페빵 사이에
은은하게 달콤한 버터크림을 채
웠다. 최대 포인트는 가운데에 올
라간 빨갛고 동그란 젤리다. 단무
지가 들어간 샐러드빵으로 유명
한 쓰루야빵에서 나온 또 하나의
간판 메뉴.

Close-up!

빵 봉지에 그려진 웃는 얼굴
의 코 부분에 젤리가 톡. 이 한
가운데를 남겨두고 양쪽에서
부터 먹다가 마지막에 젤리를
먹는 것이 정석.

몰랑몰랑 콧페빵에는
버터크림이 어울린다!

삼미일체의 절묘한 맛

와카야마

생크림샌드 나마쿠리무산도
生クリームサンド

빵공방카와

폭신한 커피빵에
가벼운 휘핑!

와카야마, 오사카, 나라에서 총 18개 점포를 운영하는 빵공
방카와. 가게의 대명사이기도 한 생크림샌드는 빵과 양과자
의 기술을 살린, 한 손으로 먹는 케이크 같은 빵으로 1981년
창업 때부터 계속해서 사랑받고 있는 일품이다. 계절에 따
라 바뀌는 한정 상품도 있다. 기온이 높은 여름(6월 초~10월
중순)에는 판매를 중단하는데, 온라인을 통해서는 연중 구
입할 수 있다.

부드러운 커피빵 사이에는 과육을 듬
뿍 넣어 진한 수제 딸기잼과 너무 달
지 않은 휘핑크림이 가득!

슈크림빵 _{슈쿠리무빵} シュークリームパン

오리온베이커리

커다란 슈크림을 연상시키는 모습

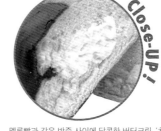

학교 매점에서도 큰 인기!

커피샌드나 지카라단팥빵으로 알려진 오리온베이커리. 여러 맛있는 빵 가운데, 학교 매점에서도 친숙하고 인기인 빵이 이 슈크림빵이다. 슈 반죽을 떠올리게 하는 폭신하고 부드러운 빵에, 버터크림을 넣고 초코를 묻혔다. 빵 봉지에는 '폭신하고, 부드러~운'이라고 쓰여 있다.

Close-UP!

멜론빵과 같은 반죽 사이에 달콤한 버터크림. '초코를 묻히면 에클레어 아니냐'란 물음은 촌스럽다. 맛있으면 문제없음!

시가

밀크볼 _{미루쿠보루} ミルクボール

쓰루야빵

밀크휘핑크림의 달달함이 황홀♡

볼 안에 하얀 행복

'추억 빵'이 캐치프레이즈인 쓰루야빵만의 옛 생각 나는 맛. 오븐 토스터로 가볍게 구워도 맛있다.

Close-UP!

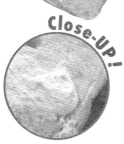

1951년 창업한, 시가현 나가하마시 기노모토초에 본점을 둔 쓰루야빵. 샐러드빵이 유명한 쓰루야빵의 숨겨진 인기 메뉴가 이 밀크볼이다. 한때 판매가 종료되었으나, '다시 한번 먹고 싶다!'라는 손님들의 요청에 부응해 재출시했다. 부드러운 프랑스빵에 순한 밀크휘핑크림이 들어간 달콤하고 동그란 빵.

초코

아키타 **초코버터샌드** 초코바타산도
チョコバターサンド

다케야제빵

열렬한 지지로 화려하게 부활

Close-UP!

버터의 짠맛에 달콤한 초코가 찰떡궁합!!

초코칩의 식감이 포인트. 과거에는 지금의 다카노스 지역 중학교나 고등학교 매점에서도 판매된 '청춘의 맛' '다카노스의 소울 푸드'다.

기타아키타시 다카노스 지역에서 오랜 세월 판매되다 2016년 12월에 생산이 종료된 명물 간식빵 초코버터샌드. 그 빵의 제조법을 제조사였던 다케후지제빵으로부터 물려받아, 다음 해에 빵 봉지 디자인까지 그대로 부활시켰다. 콧페빵에 버터가 들어간 마가린과 초코칩을 바른 소박한 맛이 인기.

한 입에 퍼지는 풍성한 달콤함

효고 **아베크** 아벡쿠
アベック

니시카와식품

크림과 초코가 최고의 궁합이라 아베크?

1947년, 가코가와역 앞에 창업한 니시카와식품의 롱셀러. 커스터드 풍미의 크림을 넣어 구워낸 풍성한 맛의 빵 사이에 밀크휘핑크림을 짜서 샌드했다. 표면에 초코를 듬뿍 코팅해 완성한 일품이다. 1980년대에 등장한 이후, 변함없는 인기를 자랑하는 디저트빵. 아베크는 프랑스어로 '함께'라는 뜻.

빵, 크림, 초코로 입안 가득 달콤함이 퍼진다. 커피나 홍차와의 궁합도 좋아, 오후 3시의 간식에 안성맞춤인 맛.

초코브리코 _{초코부릭코}
チョコブリッコ

니치료제빵

우연에서 탄생한 이름

때는 1987년. 새롭게 개발한 빵의 모양이 벽돌(브릭) 같아서 초코브릭이라는 상품명으로 출시를 계획했다. 그런데 담당자가 지시할 때 쓴 글자를 제대로 알아볼 수 없어서 '초코브리코'로 디자인이 완성되었고, 그대로 채택되었다. 당시 유행하던 '내숭쟁이 아이돌'을 형상화한 여자아이 패키지로 등장했다.

초코로 감싼 스펀지와 크림 층의 단면은 마치 케이크 같다. 초코 코팅은 상온에서는 녹지 않고, 먹는 순간 입안에서 녹아내리는 절묘한 상태를 추구했다.

지금은 화려한 아이돌 예전엔 소박한 여자아이!?

열혈팬도 따라다닌다!

(오른쪽)현재 빵 봉지의 뒷면 일러스트. 야광봉을 들고, 오타쿠 댄스를 선보이는 열렬한 팬들이 있다.

계절 한정으로 다양한 맛도 선보였다. 맨 오른쪽은 출시 초기의 디자인. 출시 30주년을 기점으로, 일러스트도 현대적으로 리뉴얼되었다.

판초코가 다시 초콜라로

초기에는 초콜릿을 떠올리게 하는 갈색 패키지였으나, 1996년부터 빨간색을 기조로 한 디자인으로 바뀌었다.

초콜라 _{초코라}
チョコーラ

니치료제빵

1960년대 후반에 '판초코'라는 상품명으로 등장해서 어느새 이름이 '초콜라'로 바뀌었다. 폭신한 식감의 도넛 반죽에 초콜릿을 코팅한 50년 이상의 롱셀러.

오키나와의 헤비급 챔피언

울트라멜론초코 _{우루토라메론초코}
ウルトラメロンチョコ

구시켄빵

빵 전체 길이, 무려 약 23cm의 크기. 도시락이나 간식빵 등 양이 푸짐한 상품이 많은 오키나와현에서도 더욱 이채로운 대왕 빵. 밀크코코아 풍미의 쿠키 반죽으로 코팅된 빵 안에, 크림 상태의 마가린을 샌드해 함께 먹음으로써 버터커피 같은 맛이 난다. 칼로리도 한 개당 889kcal로 울트라급!

한창 자라는 아이의 배도 만족 칼로리도 차고 넘친다!

크기도 맛도 울트라급이라는 뜻에서 이 이름이 되었다. 한 번에 먹을 수 있는 작은 사이즈의 '울트라멜론초코 주니어'도 있다.

베스트브레드 _{베스토브렛도}
ベストブレッド

도야마제빵

도야마 간식빵의 대표 선수

튀긴 빵 & 카스텔라에 달콤한 초코크림

설탕과 달걀을 아낌없이 사용해 호화스러운 단맛. 동창회 기념품으로 나눠 주거나, 타지에서 생활하는 자식이 본가의 부모에게 보내 달라고 부탁하는 경우도 많다고 한다.

Close-UP!

일반 빵과 튀긴 빵 가운데 초코크림을 샌드한 후 카스텔라 사이에 끼운, 달콤함과 포만감이 그만인 간식빵. 판매를 시작한 이래로 50년 넘는 큰 인기를 자랑한다. 고안된 시기나 경위도 알 수 없고, 대략 '50년 가까이' 된 것으로 보인다. 학교 매점에서도 판매되고 있어, 도야마 출신에게 청춘의 맛인 것만은 분명하다.

니가타 카스텔라샌드 카스테라산도 カステラサンド
나카가와제빵소

니가타현의 사도시마에서는 무척 유명한 카스텔라샌드. 폭신폭신한 빵 사이에 카스텔라와 버터크림을 채운, 비교적 단맛이 적어 담백하고 소박한 맛으로 인기인 간식빵이다. 1952년 창업한 나카가와제빵소에서는 1963년을 전후로 판매되었다. 당시에는 흑당이 저렴했기 때문에 흑당 카스텔라가 사용되었던 듯하다.

사도에서는 기본 중의 기본

빵 사이에 카스텔라 그리고 버터크림도!

네모나게 커팅된 빵은 두께 약 8cm, 길이 약 18cm로 제법 크다. 부드러운 카스텔라 위아래에 버터크림이 발려 있다.

그리운 풍미가 퍼진다

시가 카스텔라샌드 카스테라산도 カステラサンド
쓰루야빵

처음 먹는 사람도 왠지 모를 추억을 느끼게 하는 빵을 목표로 만든, 자부심 가득한 카스텔라샌드. 부드러운 카스텔라에 그때 그 시절 버터크림을 발라, 폭신한 빵 사이에 샌드했다. 40년이 넘는 롱셀러이며 샌드위치, 샐러드빵에 이은 쓰루야빵의 인기 제품이다. 산뜻한 단맛으로, 커피나 홍차와 함께 먹는 것을 추천한다.

부드러운 단맛과 식감 폭넓은 세대에게 큰 인기

CLOSE-UP!

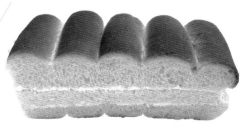

올록볼록 귀여운 빵은, 움푹 들어간 부분에서 떼어내면 먹기 쉽다. 입에서 사르르 녹는 버터크림은 겨울에 가장 맛있다나.

카스텔라샌드 카스텔라산도 カステラサンド
빵아즈마야

이시카와현 주민들의 마음의 고향

화이트샌드와 두뇌빵으로 알려진 빵아즈마야가 만든 일품. 폭신폭신한 흰 빵 사이에 노르스름한 카스텔라와 살구잼, 화이트크림을 샌드했다. 예전과 똑같은 최적의 조합을 고수하는 카스텔라 샌드는, 이시카와현 주민들의 대표 빵으로 뿌리 깊은 인기를 자랑한다. 계속해서 추억의 맛을 만들어온 빵아즈마야를 상징하는 현지 빵 중 하나다.

너무 달지 않아 질리지 않는 맛으로 이시카와현의 롱셀러

Close-UP!

예스러운 분위기의 상품을 소중히 지키는, 수수하고 익숙한 맛. 빵 표면에는 비스듬하게 커스터드크림을 짜 올렸다.

카스텔라빵 카스테라빵 かすてらぱん
야타로그룹

J리거도 사랑한 맛

1968년 출시됐을 당시에는 딸기잼이 고급품이었기 때문에, 비교적 저렴한 믹스잼을 사용하여 가격을 낮췄다. 포만감을 주는 크기로, 현지 학생들에게는 저렴하고 큼직한 빵으로 큰 인기를 얻었다. 축구선수인 나카야마 마사시가 J리그 팀 '주빌로 이와타' 소속 시절에 자주 먹었다는 일화도 있다.

소박한 맛과 푸짐한 양
간식으로도 안성맞춤!

카스텔라에 잼을 얹고, 빵으로 감싸 구워냈다. 대표 격인 '딸기와 사과 믹스잼' 외에 '블루베리잼'(왼쪽)도 있다.

가고시마

스낵브레드
스낵쿠부렛도
スナックブレッド

이케다빵

커팅한 식빵에 가염 마가린을 바른 뒤 카스텔라로 말아 감싼 독창적인 빵 스낵브레드. 1987년, 매출이 변변치 않았던 화과자 부문 담당자가 '어떻게 해서든 슈퍼의 빵 코너에 진열할 신제품을 만들어야겠다'며 고심 끝에 탄생했다. 독특한 모양과 맛으로 금세 인기 상품이 되었다.

카스텔라 안에 식빵!?

구워 먹으면 맛이 쑥 올라간다!

토스터로 데워서 먹는 것을 추천한다. 안쪽의 마가린이 쫙 녹아들고, 식빵 표면은 바삭, 카스텔라는 부드러워진다.

바삭바삭 폭신한 식감!

후쿠오카

카스텔라샌드
카스테라산도
カステラサンド

료유빵

스펀지케이크와 버터크림을 웨하스 사이에 샌드한 료유빵의 카스텔라샌드. 한 입 베어 물면 스펀지케이크의 폭신한 식감과 웨하스의 바삭한 식감, 가운데 크림의 보드라움까지 세 가지 하모니를 즐길 수 있는 것이 큰 특징이다. 한 면은 연두색, 다른 한 면은 분홍색인 파스텔컬러 바깥쪽 웨하스는 모양도 귀엽다.

웨하스는 손으로 바로 잡아도 끈적끈적 달라붙지 않으므로, 어린아이도 먹기 좋다.

이것은 3개들이 웨하스샌드!

2011년부터 3개들이로도 포장되어 판매 개시.

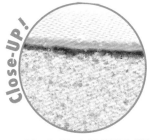

이시
카와

웨하스 웨하스
ウエハース

빵아즈마야

쇼와시대의 맛을 현재에 전한다

카스텔라를 웨하스와
크림으로 샌드

close-up!

근래에는 제조하는 가게도 줄어들어, 빵아
즈마야에서도 몇 번이나 제조 중단을 생각
했다는 일화가 있다고 한다. 귀중한 빵이다.

직접 만든 카스텔라를 사이에 둔 것은, 모나카와 비슷한 색상의 격자 무늬 웨하스. 웨하스와 카스텔라 사이에는 화이트크림이 발려, 은은한 단맛이 입안 가득 퍼진다. 손에 쥐어도 들러붙지 않는 이점이 있으며, 베어 물면 웨하스가 부서지며 어긋나는 것도 묘미다. 언제까지고 쇼와시대를 느끼게 하는 일품이다.

이와테

삼각카스텔라 상카쿠카스테라
三角カステラ

오리온베이커리

맛있는 직삼각형

초코도 발려
조금 더 풍부하게

close-up!

위아래가 다른 색 웨
하스라는 점이 특징적
이다. 또한 초콜릿 코
팅도 오리온베이커리
특유의 토핑이다.

빵 봉지에 쓰인 '맛을 웨하스로 샌드'라는 글
자 그대로, 핑크와 오렌지색 웨하스로 카스
텔라를 샌드했다. 거기다 직삼각형의 가장
긴 변에 해당하는 부분을 초콜릿으로 코팅
했다. 웨하스는 버터크림으로 붙어 있어 추
억의 달콤함을 즐길 수 있다. 오리온베이커
리의 고참 메뉴다.

번외편 지진 재해를 계기로 탄생한 '빵 통조림'

도치기

빵캔 빵캉
PANCAN

빵아키모토

1995년 발생한 한신·아와지대지진. 도치기현에 본사를 둔 빵아키모토는 갓 구운 빵을 트럭에 쌓아 피해 지역으로 날랐다. 주민들은 무척 기뻐했지만, 차츰 맛이 떨어지거나 소비기한이 끝나 나눠줄 수 없는 제품도 생겨났다. 이 경험을 발판 삼아, 약 1년 동안 시행착오를 거친 끝에 탄생한 것이 빵 통조림이다.

오렌지, 스트로베리, 블루베리 3종류 맛이 라인업되어 있다. 전부 캔 따개 없이 개봉 가능하다. 3년이 지나도 폭신하고 촉촉한 식감으로, 풍부한 풍미에도 심혈을 기울였다.

Close-UP!

출시 당초의 빵 통조림 상품명은 '캔캔브레드'

여러 과제를 극복해, 결로 방지 종이로 감싼 빵 반죽을 캔에 직접 넣어 고온에서 구워내는 제법으로 보기 좋게 성공!

(위)비상식량뿐만 아니라, 응용하기에 따라서 다양한 맛을 즐길 수 있다.
(왼쪽)상미기한이 13개월로 짧은 타입은, 맛 종류도 풍부하다!

장기 보존을 가능하게 하기 위하여

개발할 때 가장 고생한 점은 보존성이라고 한다. 진공 팩도 급속 냉동도 아닌 '통조림'이라는, 원점 복귀라고도 할 수 있는 발상이 37개월 장기 보존을 가능하게 했다. 지금은 방재 비축 빵으로 일본 국내뿐만 아니라 전 세계에 판매되고 있다. 유사시에도 맛있게 먹을 수 있으니 조금이라도 무거운 마음을 덜길 바라는 뜻이 담긴 빵이다.

그리운 자판기 빵

사진·글 / 우오타니 유스케

햄버거 자판기는 최전성기에는 고속도로 휴게소나 게임센터, 역이나 부두 등 온갖 장소에서 활약했다. 동전을 넣고 버튼을 누르면 종이 상자에 든 햄버거가 내부 전자레인지에서 1분 정도 가열되어 나온다.

일본 전국에도 현재 15대 정도만 가동되고 있는 토스트 샌드 자판기. 햄, 치즈 등의 재료를 넣은 식빵이 알루미늄 포일에 싸여 냉장 보존되어 있다. 강력한 전기 히터가 40초 정도 열을 가하면 노릇하게 구워진 따끈따끈한 토스트가 나온다.

　1960년대에 등장한 식품 자동 조리 판매기는 1990년대까지는 일본 각지의 드라이브인이나 공공시설 같은 곳에서 크게 활약했다. 냉장된 식품을 자판기가 단시간에 조리하는 것으로 미래적인 분위기가 무르익었지만, 2000년대 이후 편의점이나 24시간 영업하는 체인 음식점 등에 밀려 급속히 자취를 감춰갔다.

　자판기의 외관은 그리움과 따뜻함이 느껴지는 쇼와시대 디자인으로, 내부에는 아날로그면서 높은 기술력이 응축돼 있었다. 그러나 1990년대에 자판기 제조가 중단되었고, 부품 조달도 어려워져 고장이 나도 고칠 사람이 없는 상황이었다. 그러던 것이 2010년대 들어서면서 '레트로 자판기'로 각광을 받게 되어, 부활하는 자판기도 조금이나마 늘어났다. 현재, 레트로 자판기를 체험할 수 있는 장소는 일본 전국 각지에 흩어져 있고, 거기서 쇼와시대 당시의 분위기를 직접 맛볼 수 있다. 2016년에 오픈한 가나가와현의 '중고 타이어 시장'의 자판기 코너에는, 사장이 직접 수리한 수많은 자판기가 가동되며 레트로 자판기 붐을 견인하고 있다.

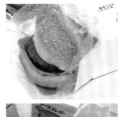
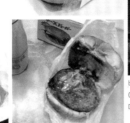

버거는 흡습성이 있는 종이 같은 것에 싸여 종이 상자 안에 들어 있다. 자판기 상태에 따라서도 완성도의 편차가 꽤 크지만, 따끈따끈한 빵과 속 재료가 눌린 것이 자판기 특유의 맛이었다.

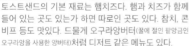
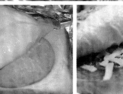

토스트샌드의 기본 재료는 햄치즈다. 햄과 치즈가 함께 들어 있는 곳도 있는가 하면 따로인 곳도 있다. 참치, 콘비프 등도 맛있다. 드물게 오구라앙버터(꿀에 절인 팥앙금인 오구라앙을 사용한 앙버터)처럼 디저트 같은 메뉴도 있다.

전성기에 간토 지방을 중심으로 가장 많이 팔리던 것이 '구렌버거'라는 자판기 햄버거다. 내부 전자레인지의 가열 상태가 고르지 않아 차갑거나 너무 뜨거워지는 경우도 있었는데, 편의점이 없던 시절에는 심야에 따뜻한 음식을 먹을 수 있는 것만 해도 감지덕지였다. 필자 또한 고등학생 시절 도쿄에서 후쿠시마까지 자전거 여행을 할 때, 산간지역의 자판기 코너에서 먹었던 구렌버거를 잊지 못한다. 뜨거워진 종이 상자의 냄새, 모락모락 피어오르던 김까지 또렷하게 기억하고 있다. 굶주린 젊은 '자전거 바보'에게는 하늘이 내려준 선물이었다. 홋카이도로 자전거 여행을 갔을 때도, 심야에 출항하는 페리를 기다리던 도쿄의 유명 부두에서 구렌버거를 만났다. 필자에게는 언제나 여행이라는 비일상 속에서 먹는 버거였다.

그로부터 벌써 30년이 지났으나, 2020년대가 되어서도 이 오래된 자판기를 사랑하며 소중히 여기는 가게가 있고, 15대 정도나 가동되고 있다는 사실이 기쁘다. 당분간은 괜찮을 거라고 생각하지만, 있는 동안 꼭 맛보고 싶은 쇼와시대의 유산이다.

캐비닛이나 패널, 패키지 종류도 다양!

햄버거 자판기

대수로는 호시자키(위)에서 만든 것이 가장 많으며, 약 7천 대나 판매되었다고 한다. 도시바 제품도 있었으나, 현재 가동 중인 자판기는 존재하지 않는다. 호시자키 자판기는 패널 디자인 종류도 풍부하고, 시대를 느끼게 하는 미감도 무척 매력적이다. 어느 자판기든 내부의 전자레인지로 상품을 데우는 심플한 구조로, 1분 정도면 따끈따끈한 버거가 나온다.

패키지 디자인 각양각색

쇼와시대부터 변함없는 디자인의 종이 상자가 레트로 느낌을 더욱 살려준다. 현대에는 흉내 낼 수 없는 독특한 멋이 있다.

고온으로 프레스!
노릇노릇 맛있는 수제의 맛

토스트 자판기

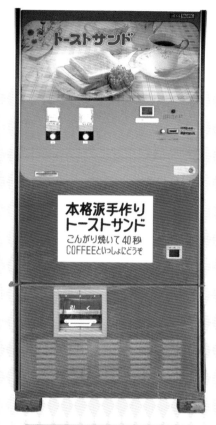

수작업으로 전용 알루미늄포일에 감싼 상품이 회전식 랙에 들어가 있고, 구입하면 히터 부분으로 떨어져 양옆의 뜨거운 철판 사이에서 구워진다. 가정용 토스터로는 따라잡지 못할, 따끈따끈한 토스트가 수십 초면 완성된다.

외관은 빨강이나 오렌지 같은 레트로한 색상이다. 패널에 적힌 '토스트샌드'라는 로고나 배경 사진에는 1965년경의 분위기가 흘러넘친다.

자판기 전용
순정 알루미늄포일과
압착 기계

상품은 각 점포에서 수작업으로 만들어지는 경우가 많고, 내용물도 가게마다 달라 비교하는 재미가 있었다. 시판 알루미늄포일이라면 과하게 타거나 랙에 걸리는 경우도 생겨서, 히터에 최적화된 두꺼운 순정 알루미늄포일이 갖춰졌다. 하나하나 수작업으로 포장해서 전용 기계(오른쪽)로 사방을 압착하고 있는 점포도 있었다.

61

양갱

양갱빵 요캉빵
ようかんぱん
후지제빵

일본과 서양
세 가지 단맛의 수제 빵

1950년대 중반에 후지시에서 탄생한 것으로
추정되는 양갱빵. 쇼와시대부터 불변의 인기
재료인 '통팥앙금, 고운필앙금, 버터크림'이라
는, 일본과 서양의 세 가지 단맛이 조화를 이룬
다. 3대에 걸친 팬이 많은 것도 납득이 가는 맛
이다. 모양도 예쁜 제품은 모든 제조 공정을 제
빵사가 수작업으로 진행한다. 정확하게 계산된
맛을 지키고, 현지에서 60년 넘게 계속해서 사
랑받고 있다.

귀여운 판다 3형제!
기념품으로도 큰 인기!!

'양갱 판다 3형제'가 그려진 크라프트백 포장 상품은, 역내
매점에서 기념품으로도 인기가 많다. 개별 포장 패키지에도
재미있는 요소가 가득하다.

일본과 서양이 이뤄낸 하모니

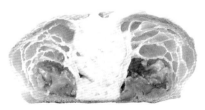

앙금을 듬뿍 채운 빵 위에 양갱을 끼얹고, 중앙에 바닐
라크림을 가득 토핑했다. 일본과 서양이 융합된 신기
한 빵.

백앙금에 호두와 바닐라
크루아상의 새로운 식감

흰양갱빵 시로이요캉빵
白いようかんぱん

약 3년이라는 세월에 걸쳐 탄생한, 완전히
색다른 맛이 매력이다. 10월부터 2월까지
계절 한정으로 판매되는 제품이다.

양갱빵 요캉빵 ようかんぱん
히시다베이커리

쇼와시대가 느껴지는 일품

깊이 연구한 재료를 사용해 계절에 어울리는 맛을 제공

고운팥앙금을 채운 동그란 단팥빵 위에 갈색 양갱을 코팅한 양갱빵. 1951년 창업한 히시다베이커리가 1965년경부터 판매한 롱셀러다. 과하게 구워진 빵의 탄 표면을 덮기 위해 갈색 양갱을 바른 것이 양갱빵 탄생의 계기라고 한다. 쇼와시대가 느껴지는, 고급스럽고 그리운 맛의 일품이다.

일본풍 제조법에도 심혈을

쌉쓰레한 맛이 중독적인 '말차', 유자 껍질이 들어간 '유자' 외에 '자색고구마' '밤' 등 계절에 걸맞은 다양한 맛을 즐길 수 있다.

양갱트위스트 요캉츠이스토 羊羹ツイスト

약 20년 전에 탄생한 뉴 버전!

2000년대 초반에 탄생. 학교 매점 등에서 판매를 시작해, 지금은 대표 상품이 되었다. 양갱과 휘핑크림의 끝내주는 궁합으로 인기.

홋카이도

양갱빵 요캉빵
ようかんパン

니치료제빵

북쪽 대지 특유의 맛

시즈오카, 도야마, 고치, 가고시마 등지의 양갱빵은 기본적으로 단팥빵을 베이스로 한 것이 많다. 니치료제빵에서도 출시 초기에는 단팥빵을 베이스로 한 제품만 있었으나, 지금은 휘핑크림까지 추가한 홋카이도의 독자적인 라인업을 갖고 있다. '맛있게, 홋카이도답게'를 테마로, 홋카이도 특유의 특색 있는 빵을 만들고 있다.

양갱을 코팅한 빵 안에는 홋카이도 우유가 들어간 우유 풍미의 크림을 샌드했다. 크림 맛에 감격!

홋카이도 우유가 들어간
우유 풍미 크림!!

양갱트위스트 요캉츠이스토
ようかんツイスト

니치료제빵

촉촉하고 부드러운 빵에 입에서 녹는 홋카이도 우유가 들어간 휘핑크림을 샌드했다.

양갱치기리 요캉치기리
ようかんちぎり

니치료제빵

떼어 먹기 쉬운 콧페빵에 양갱을 끼얹었다. 홋카이도 우유가 들어간 휘핑크림도 듬뿍.

양갱단팥빵 요캉앙빵
ようかんあんぱん

니치료제빵

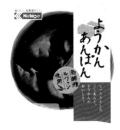

촉촉하고 부드러운 식감의 추억의 맛. 표면의 양갱과 안에 들어간 고운팥 앙금의 궁합도 뛰어나다.

산스네이크 산스네쿠
サンスネーク
야마자키

야마자키의 현지 빵

일본 전국의 지역 명물을 형상화한 상품 개발을 이어가고 있는 야마자키. 그 홋카이도 한정 빵 중 하나가 산스네이크다. 반질반질하고 매끈매끈한 촉감의 양갱이 코팅된 트위스트 빵에 우유 풍미의 크림이 샌드되어 있다. 식감은 매끄럽고 입에서 살살 녹으며, 단맛은 보기보다 덜한 편이다. 일본과 서양이 절충된 맛을 즐길 수 있다.

트위스트 빵 + 양갱
크림도 듬뿍!

close-UP!

홋카이도의 편의점 세이코마트에서 언제든 구입할 수 있는 상품이다. 길이는 약 13cm로, 아사히카와 공장에서 제조되며 한 봉지에 세 개가 담겨 판매되고 있다.

폭신한 스펀지케이크에 슬라이스한 양갱을 샌드한, 옛 생각이 절로 나는 레트로한 간식빵의 대표. 양갱의 촉촉한 식감과 알맞은 단맛이 중독될 정도다. 원래는 메이지시대 후기에서 다이쇼시대 초기에 탄생했다고 추정되는, 유서 깊은 서양식 간식이다. '시베리아'라는 이름은 툰드라 대지를 달리는 시베리아철도의 선로를 본뜬 것이라고 한다.

삼각시베리아 상카쿠시베리아
三角シベリア
야마자키

옛 생각이 절로 나는 간식빵

네모난 모양으로 팩에 담긴
'디럭스'도!

야마자키에서는 삼각형 '삼각시베리아' 외에 사각형 '시베리아 디럭스'도 판매하고 있다.

일본풍

이와테 | 지카라단팥빵 치카라앙빵 力あんぱん

오리온베이커리

소식가에게 딱 좋은 미니 사이즈도!

고향 기부금의 답례품으로도 채택된, 그야말로 하나마키를 상징하는 현지 빵. 그 인기에 힘입어 두툼한 원기둥 모양의 '미니 사이즈 단팥빵'(위쪽)도 등장했다.

떡이 들어가다니 고맙소!

하나마키시 주민들에게는 익숙한 맛으로, 1975년 발매 이래 사랑받고 있다. '다이라야키平焼き'라고 불리는, 빵을 꾹 눌러 굽는 방법으로 빵 반죽과 떡이 밀착해 새로운 식감이 탄생했다. 높이는 약 15mm로 얇은 편이며, 먹기 편한 모양이다. TV 방송에 소개된 것을 계기로, 그 이름과 맛이 전국에 널리 알려지게 되었다.

기후 | 미소기빵 미소기빵 みそぎパン

히노마루제빵

단팥의 달콤함과 된장의 짭짤함이 절묘

된장 문화가 뿌리 깊은 도카이 지방 특유의 맛이다. 꼬치 두 개가 한 세트이므로 나눠 먹기 좋고, 다른 곳에서는 볼 수 없는 빵이라는 점도 인기의 비결이다.

미소기 의식에서 탄생

하시마시에서는 매년 6월에 야쓰루기신사에서 액막이와 무병식재를 기원하며 미소기 의식을 치른다. 그때 먹는 미소기경단을 알리기 위해, 또 하시마시를 홍보하기 위해 2011년에 개발됐다. 빵으로 감싼 오구라앙금과 백앙금의 단맛, 표면에 발린 된장 소스의 짭짤한 맛이 절묘한 하모니를 이루는 경단 모양의 간식빵이다.

홋카이도

강낭콩빵 킨토키마메빵
金時豆パン

니치료제빵

강낭콩을 마음껏 즐길 수 있다

1943년에 창업한 홋카이도의 노포 빵 제조업체 니치료제빵의 간식빵 브랜드 '북쪽 나라의 베이커리'에 라인업된 현지 빵이다. 홋카이도산 강낭콩 페이스트를 이겨 넣은 반죽으로 도카치산 강낭콩 아마낫토(콩이나 밤 등을 설탕에 절인 후 건조시킨 화과자의 일종)를 정성스레 감싸, 촉촉하게 구워냈다. 강낭콩의 맛을 두 배로 즐길 수 있는 호화로운 콩빵이다.

강낭콩 아마낫토를 반죽에 듬뿍 넣었다!

홋카이도에서는 아마낫토가 들어간 콩빵이 예로부터 친숙해서 슈퍼나 편의점에서도 쉽게 볼 수 있다. 보기에도 호화로울 정도로 콩이 잔뜩.

Close-UP!

이와테

콩빵롤 마메빵로루
쿄빵로루

시라이시빵

아마낫토와 짭짤한 마가린의 밸런스

1948년 창업한 시라이시빵의 롱셀러다. 콩과 마가린을 조합한 '빈즈롤'을 참고해서 변형해 출시한 결과, 히트 상품이 되었다. 아마낫토는 자사 오리지널 제품으로, 현지 모리오카의 앙금 제조 공장에서 만들어지고 있다. 빵이 잘 부풀도록 아마낫토를 하나하나 수작업으로 넣는다. 숙련된 기술이 빛나는 상품이다.

연간 판매 실적은 770만 개(2021년 기준). 같은 회사의 도호쿠 지역 간식 빵 부문에서도 1, 2위의 판매 실적을 자랑한다. 콩의 달콤함과 마가린의 짭짤함이 절묘하다.

숙련된 기술이 빛나는 일품!

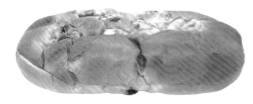

다시마빵 콤부빵 昆布パン
사와야식품

빵 안에 다시마가 숨바꼭질

일본 제일의 다시마 소비량 도야마현 주민들을 위한 빵

모차렐라 치즈를 올려 토스터에 구우면 와인이나 서양 술 안주로 좋다. 또 카레에 난 대신 찍어 먹어도 최고의 궁합.

도야마현 주민 중에는 다시마를 좋아하는 사람이 많아, 이를 빵에 접목시킬 수 없을까 하는 생각에서 탄생했다. 잘게 다진 다시마를 홋카이도산 밀가루와 도야마현산 쌀가루를 사용한 반죽에 넣고, 비법 재료로 사과식초를 조금 추가했다. 다시마가 표면에 비쳐 보이는 하얀 빵은, 먹기 좋은 삼각형으로 만들었다. 평상시 미용과 건강에 좋은 빵이다.

파빵 네기빵 ネギパン
다카오카제빵

구마모토현산 밀과 파를 아낌없이 사용

구마모토현산 밀 '미나미노카오리'를 사용하고, 구마모토현산 파를 반죽에 듬뿍 넣었다. 현지 구마모토의 고등학생들로부터 '파를 못 먹는다'는 말을 들은 다카오카제빵의 사장이 고안한 파 사랑 넘치는 제품이다. 오코노미야키처럼 폭신한 흰 반죽 안에는 소스로 맛을 낸 가다랑어포가 들어 있어, 파를 싫어하는 아이도 맛있게 먹을 수 있다며 호평이 자자하다.

파를 싫어하는 아이도 대만족!

오코노미야키처럼 폭신한 반죽이 식욕을 돋운다. 빵 봉지에는 현지 디자이너가 고안한 캐릭터 '넷기'가 그려져 있다.

교·다시마키식당
교·다시마키쇼쿠도
京·だし巻き食堂
게베켄

빵 + 달걀말이의 묘한 맛

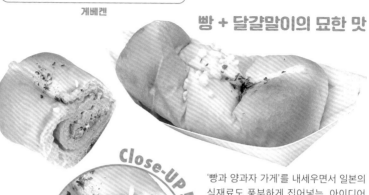

Close-UP!

환상의 맛을 50년에 걸쳐 재현 & 진화시킨 일품

가게 이름은 독일어로 '구운 것'이라는 의미다. 딱딱한 빵부터 간식빵까지 늘 약 70종류의 빵이 진열돼 있다. '흰된장 가지산적' 등 개성 있는 빵도 인기다.

'빵과 양과자 가게'를 내세우면서 일본의 식재료도 풍부하게 집어넣는, 아이디어 가득한 빵집. 약 70년 전, 현재 회장이 교토 히가시야마의 달걀가게에서 먹었던 샌드위치의 맛을 잊지 못해, 구상만 50년을 한 끝에 '다시마키(달걀말이) 샌드위치'를 완성시켰다. 지금은 게베켄의 독자적인 맛으로, 여러 샌드 상품 중에서도 손에 꼽히는 인기 상품이 되었다. 폭신폭신한 달걀이 일품!

지쿠와빵
치쿠와빵
ちくわパン
돈구리

손님의 요청으로 탄생

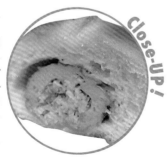

Close-UP!

지쿠와 안에는 참치샐러드가 듬뿍

1983년, 삿포로시 주오구에 '가배사 돈구리(도토리)'라는 찻집으로 개점했다. 가게 앞에 커다란 도토리나무가 서 있던 데서 지어진 이름이었다.

1980년대, 손님과의 잡담 중에 "도시락에 들어가는 지쿠와(대롱 어묵)를 빵에 넣으면 재밌지 않을까요?"라는 말이 나온 것을 계기로 탄생해, 지금은 완전히 인기 상품이 된 지쿠와빵. 속 재료로 여러 가지를 시도한 결과, 참치샐러드와의 궁합이 좋아서 지금의 모양이 되었다. 빵에 어울리는 전용 지쿠와를 주문해 사용하는, 독특하고 개성 있는 반찬빵이다.

홋카이도

된장빵 _{미소빵} みそぱん
후루카와제과

라이더도 즐겨 찾는 맛

농사일 하다 먹는 새참으로 개발

장기 보존할 수 있도록 심혈을 기울여 개발했다고 한다. 붉은 된장의 풍미가 뛰어나, 특히 홋카이도산 우유나 커피, 홍차와 궁합이 좋다.

'농가 주민들의 간식이 될 만한 상품'을 만들고자 1965년경에 후루카와제과의 사장이 개발했다. 된장의 풍미를 살리면서 당밀이나 물엿으로 확실한 식감과 깊은 감칠맛을 주어, 배가 든든한 간식 빵이 되었다. 홋카이도를 여행하는 라이더 사이에서는 된장빵 + 탄산음료의 점심 식사가 '포만감 코스'로 불리며 사랑받고 있다.

군마

된장빵 _{미소빵} みそぱん
프리앙빵양과자점

된장 풍미의 프랑스빵!?

한 번만 먹어도 중독! 이것이야말로 누마타 명물

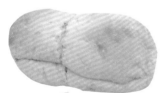

군마현 누마타시에 점포가 두 곳 있다. 온라인 몰에서도 구입할 수 있다. 된장빵과 똑같은 된장 소스를 사용한 '참깨 된장 콧페'도 인기다.

군마현 주민들의 소울 푸드로, 구운 만주에서 힌트를 얻어 1975년 경에 탄생했다. 입 주변을 더럽히지 않고 먹을 수 있도록 오리지널 된장 소스를 빵 안에 채워넣었다. 또 반죽에는 된장빵용으로 특별히 블렌딩한 밀가루를 사용했으며, 쇼와시대부터 하나도 변하지 않은 제조법으로 하나하나 정성스레 수작업으로 구워내고 있다.

기타

오키나와

제브러빵
제부라빵
ゼブラパン

오키코

1980년경, 당시 제빵사가 제조 공장에서 시험 삼아 만들었던 반죽에 피넛크림을 샌드해 먹어보니 맛있어서 본격적으로 상품화되었다. 페이스트 상태의 흑당이 들어가, 단면이 흰색과 검은색 줄무늬가 된 데서 제브러빵이라고 이름 붙였다. 안의 크림이 살짝 녹을 정도로 가볍게 토스트해서 먹는 것을 추천한다.

얼룩말이 오키나와를 활보!

땅콩크림이 신의 한 수
맛이 겹쳐 스트라이프

두 겹의 빵을 위아래 두 개로 나눠, 크림 면을 위로 해서 가볍게 토스트해 먹는 것을 추천한다. 레트로한 빵 봉지는 출시 초기 그대로다.

이런 버전도 있어!?
희귀 한정 제브러빵!

이벤트용으로 나오는 프리미엄 '롱제브러빵'은 전체 길이가 35cm. 그 밖에도 일반 제품보다 1.5배 두꺼운 '메가', 회오리빵으로 변형한 '회오리빵' '알로하셔츠 버전' '수험생 응원 버전' 등도 과거에 출시되었다.

※현재는 취급하지 않음.

홋카이도

러브러브샌드 라부라부산도
ラブラブサンド

니치료제빵

하얗고 귀여운 인기 빵

언제든 어디든 갖고 다니기 쉽고, 출출한 배를 채워주는 홋카이도의 인기 빵이다. 1984년 '피넛' 맛 등부터 판매가 시작됐다. 한 쌍씩 들어 있으며, 하얗고 귀엽다는 특징 때문에 '러브'를 두 번 반복한 러브러브 샌드라는 이름이 되었다. 홋카이도의 지역 빵이기도 해서 현지인 홋카이도 먹거리와의 콜라보도 정기적으로 진행하고 있다.

한 쌍이라 러브러브!?
커플끼리 나눠 먹고 싶다!

대표인 '피넛' '초콜릿' 외에 '사쿠라모치(홍색 떡에 팥소를 넣고 소금에 절인 벚나무 잎을 두른 일본 전통 떡)풍' '피스타치오 & 휘핑' 등 색다른 맛도 판매하고 있다.

심플한 일러스트가
더욱 사실적인 묘사로

2000년 2006년

1984년 발매
'피넛'

1986년 발매
'초콜릿'

안에 든 내용물을 보여줄 수 없어, 빵 봉지에 맛이 전해질 듯한 일러스트를 그려넣었다. 당초에는 심플했으나, 지금은 더욱 사실적으로 바뀌었다.

이시카와

잼샌드 자무산도 ジャムサンド

빵아즈마야

아즈마야의 샌드빵 시리즈 중 하나인 잼샌드. 테두리 부분 색이 연한, 식빵을 얇게 썰어 딸기와 사과 믹스잼을 바른 샌드빵이다. 잼은 빵과의 균형을 고려한 최적의 양이 테두리까지 발려 마지막 한 입까지 맛있다. 장미를 그려넣은 빵 봉지도 출시 당시 그대로여서 레트로한 정취가 있다.

두 잼 장이 듬뿍 들어 든든!

예스럽고 낯익은 맛. 한 봉지에 빵이 두 장 들어 있어 친구나 가족, 연인 등 둘이서 사이좋게 나눠 먹을 수 있는 것도 기분 좋다.

이와테

네오토스트 네오토스토 ネオトースト

시라이시빵

식빵에 마가린을 샌드하고, 표면에 슈거 마가린을 듬뿍 바른 네오토스트. 1950년대 중반에 공장에서 야식으로 '토스트빵에 마가린과 그래뉴당을 발라 구워 먹었던' 데서 탄생했다. 윗부분이 둥근 식빵은 네모난 식빵과 마찬가지로 뚜껑을 덮어 구움으로써 촉촉하고 부드러운 식감으로 완성되었다. 도호쿠에서 오랜 세월 사랑받고 있는 인기 빵이다.

시라이시 꼬마가 한눈에!

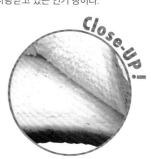

마가린의 염분은 계절에 따라 미묘하게 조절하고 있어, 그래뉴당의 단맛과 절묘한 균형을 이룬다. 토스터로 굽는 것도 추천!

도쿄 **애플링** 압푸루링구
アップルリング
다이이치빵

1982년, 출시와 동시에 폭발적인 판매량을 보이며 순식간에 스타 상품이 되었다. 당시에는 각지에서 사과를 사용한 빵이 다수 판매되고 있었는데, 그중에서도 폭신한 빵에 사과를 달콤하게 조려 만든 애플필링을 넣은 애플링은 큰 인기였다. 홈 파티에도 제격인 대형 간식빵으로 40년 넘게 사랑받고 있다.

홈 파티에 제격

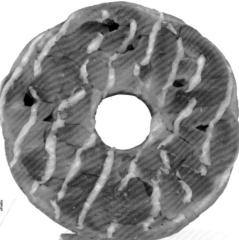

간단한 식사나 간식에 최적
하프나 미니 사이즈도

너무 커서 혼자 다 먹기 힘들다는 사람들을 위한 하프, 미니 사이즈도 있다. 다양한 종류가 있다는 것이 인기의 지표다.

약간 달콤한 빵 안에 사과 과육이 들어간 필링을 듬뿍 채웠다. 폭신한 빵과 아삭한 사과의 식감도 재미있다.

옛날 그대로의 사과 마크
미대생이 고안한 디자인도

(왼쪽)현재와 똑같이 가운데 사과 마크가 있는 출시 초기의 포장. (가운데)무사시노미술대학과의 공동 프로젝트로 탄생한, 대학생이 만든 새로운 디자인. (오른쪽)현재의 포장 디자인.

발매 초기

2011년 5월 ~
2020년 9월

2021년 ~ 현재

레몬빵 레몬빵
레몬빵 レモンパン

마루주야마나시제빵

야마나시현 주민들이 즐겨 찾는 맛

1930년대 중반, 당시 제빵사가 개발했다고 마루주야마나시제빵에는 전해지고 있으나, 그때의 자료가 전쟁과 화재로 인해 소실되어 자세한 내용은 알 수 없다. 레시피만큼은 소중하게 이어져 내려와, 오늘날 인기 넘버원이 되었다. 부드러운 빵 위에 바삭한 식감의 비스킷 반죽이 올라가 있고, 레몬오일 향이 입안에서 퍼진다. 타지에도 팬이 많다.

야마나시에서 가장 오래된 빵집이 개발한 오리지널 제품

1921년 창업한 가게. 빵이 만들어진 당시의 맛을 소중히 지키며 지금도 만들어가고 있다. 3대에 걸쳐 사러 오는 고객도 적지 않다.

수박빵 스이카빵
스이카빵 スイカパン

르벨

맛도 모양도 그야말로 수박!

여름을 느끼게 하는 리얼한 수박의 풍미

때는 2016년. 점주가 SNS의 대만 계정에서 수박빵을 발견했다. 모양은 수박임에도 맛은 일반 식빵으로, 수박도 씨앗도 검은 빵이었다. 그걸 보고 모양도 맛도 수박인 빵을 만들자며 개발했다. 바깥쪽은 녹색과 검정색 줄무늬, 씨앗은 초코칩을 넣어 보기에도 뛰어난 임팩트를 주는, 그야말로 수박빵이 탄생한 것이었다. 맛도 물론 수박 맛.

수박의 풍미를 내는 데는 프랑스산 수박 퓌레를 사용했다. 시제품에서는 진짜 수박 씨앗을 넣어봤지만, 최종적으로 초코칩이 채택됐다.

꽈배기봉 히네쿠레보
ひねくれ棒
오이시스

비스킷 × 데니시

먹기 좋은 크기로 4개 간식으로도 안성맞춤!

구불구불 꼬인 모양도 특징적이다. 비스킷과 데니시의 균형을 생각하며 잘 꼬기 위해서는 고도의 기술이 필요하다.

있을 법하지 않은, 비스킷과 데니시를 융합시킨 하이브리드형 스틱빵 꽈배기봉. 브라운버터 풍미의 데니시 반죽에 비스킷 반죽을 끼워넣어 구운, 베이직한 맛이다. 베어 물면 단맛이 나는 것도 인기 요인의 하나다. 파삭한 식감과 버터의 풍미가 식욕을 돋운다. 한 달에 100만 개나 팔린다는 오이시스의 최고 인기 빵이다.

스네키 스네키
スネーキ
오카야마키무라야

긴자키무라야의 분점 형태로 1919년에 오카야마현에서 문을 열었다. 창업부터 100년 이상이 지난 오카야마키무라야의 수많은 상품 중에서도, 반세기 이상 사랑받아온 유서 깊은 빵 중 하나가 스네키. 주종효모를 사용한 전통적인 방식의 부드러운 반죽에 달걀, 마가린이 듬뿍 들어간 간식빵이다. 이름의 유래는 뱀(스네이크)을 닮아서……?

주종 풍미의 인기 빵

반세기 이상 변함없는 롱셀러 빵

크림을 넣거나 초코로 코팅하지 않고, 은은한 단맛으로 승부한다. 재료와 제조법이 생명인, 오카야마키무라야에서만 맛볼 수 있는 롱셀러.

후쿠 오카

치즈덴마크 치즈덴마쿠
チーズデンマーク

료유빵

굵직한 치즈풍 소스!

부드러운 데니시 한가운데에 치즈 풍미의 마요네즈 타입 소스를 짜 올린 후쿠오카산 인기 빵이다. 고체 형태의 재료는 올라가 있지 않지만, 맛도 포만감도 만족도가 높아 평판이 좋다. 오븐 토스터로 가볍게 데우면 더욱 바삭해져서 맛있다. 후쿠오카에 본사를 둔 료유빵의 롱셀러 상품 중 하나다.

바삭한 식감의 빵
마요네즈 맛도 굿!

close-UP!

치즈풍이지만 마요네즈 느낌이 강해서 폭넓은 세대가 좋아할 법한 맛이다. '구운 조리빵'인 만큼 바삭한 식감도 좋다.

오이타

삼각치즈빵 상카쿠치즈빵
三角チーズパン

쓰루사키식품

멜론빵 표면처럼 달콤한 반죽으로 감싼 식빵 안에 치즈크림을 샌드한 삼각치즈빵. 현지에서는 '산치'라는 애칭으로 친숙하며, 오이타시 동부 지구의 고등학교 매점에서 35년 넘게 팔려온 인기 빵이다. 고등학교 외에는 쓰루사키식품의 공장 직영 매점과 현지 백화점 및 일부 슈퍼, 지역의 '가와노에키(하천 주변에 마련된 휴게 시설)' 등에서도 판매되고 있다.

애칭은 '산치'!

앙치즈 버전도

치즈와 앙금을 샌드하고, 표면에 검은깨를 뿌린 '앙금과 치즈 삼각빵'도 인기.

Close-UP!

달콤함과 짭짤함 절묘한 맛의 균형!

단맛과 짠맛의 균형이 절묘하다! 타지의 특산물 장터 등에 나오면 오이타현 고등학교 졸업생이 학창 시절을 떠올리며 사 가는 인기 상품이다.

돗토리의 사각 튀김빵

마이프라이
마이후라이
マイフライ

가메이도

가게가 자랑하는 튀김빵은 바삭바삭하고 고소하다!

천천히 숙성시킨 식빵에 고운팥앙금을 채우고, 튀김옷을 입혀 기름에 튀긴 마이프라이. 특제 튀김옷이 여분의 기름 흡수를 억제해서 바삭한 식감과 고소함이 입안에 퍼진다. 수작업으로 하나씩 빵에 앙금을 채워 튀겨, 공장 생산이라고는 하나 거의 수제품이라 할 수 있다. 1960년대 중반부터 판매된 롱셀러로 몇 세대에 걸쳐 사랑받는 제품이다.

마이프라이를 핫샌드위치 메이커로 구워 야외에서 따끈따끈하게 먹는 것도 추천한다고 한다.

아키타

앙도넛
앙도나츠
アンドーナツ

야마구치제과점

선대 사장이 젊은 시절, 도쿄의 화과자점에서 실습할 때 이미 판매되고 있었던 앙도넛. 그 당시부터 사람들이 줄을 설 정도로 인기가 높아, 어떻게 해서든 고향에서 팔겠다는 마음으로 레시피를 배워 아키타에서 판매를 시작했다. 1963년의 일이다. 수백 킬로그램이나 되는 앙금을 6~7시간 이겨, 제빵사가 손수 하나하나 빵 반죽 안에 넣는다.

현지 애칭은 '기름빵'

Close-UP!

궁극의 수작업으로 탄생한 최상의 맛

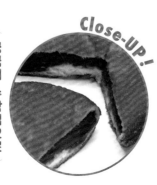

그날그날 온도나 습도의 차이가 영향을 주기 때문에 컨베이어 작업으로는 절대 이 맛을 낼 수 없다고 한다. 대량생산이 불가능한 것도 그 이유다.

시가

런치빵 _{란치빵}
란치빵
ランチパン

쓰루야빵

현지에서 가장 인기인 샌드위치나 전국적으로 유명한 샐러드빵 등으로 알려진 쓰루야빵 안에서도 40년을 넘는 롱셀러인 튀김빵이 런치빵이다. 추억의 튀김빵 안에 굵직한 어육소시지가 하나 들어 있어, 주로 남자 중고생들에게 절대적인 인기를 자랑한다. 매일 오후 2시경 가게에 나온다고 한다.

남학생들에게 큰 인기!

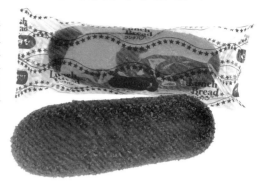

Close-UP!

안에는 어육소시지
바삭하게 튀긴 빵

동아리 활동을 마치고 돌아가는 길에 자전거에 탄 채 먹는 남학생이 많다고 한다. 이 풍경은 쓰루야빵 본점이 있는 시가현 나가하마시 기노모토초에서만 볼 수 있다.

나가사키

하토시샌드 _{하토시산도}
하토시산도
ハトシサンド

나가사키스기우라

'하토시'란 나가사키의 향토 요리로, 다진 새우살을 빵에 끼워 튀긴 것이다. '하'는 광둥어로 새우를 뜻하며, '하'의 '토스트(빵)'인 '하토스트'의 발음이 현지화해 '하토시'가 되었다. 하토시샌드는 그 하토시를 가스샌드풍으로 튀긴 독특한 빵이다. 대량생산이 불가능해, 지역 한성의 맛이 되었다.

새우 풍미가 맛있다!

나가사키 명물 '하토시'를 가스샌드풍으로 튀겼다!

튀긴 빵 안에는 물기를 싹 빼 다진 새우살을 듬뿍 샌드했다. 오븐 토스터로 노릇하게 구워 먹는 것을 추천한다.

아키타

신데렐라 신데레라 シンデレラ
베이커리상드리용

화려한 최고의 맛

신데렐라

아키타의 깨끗한 물과 천연 재료에서 탄생

흑빵

러시아의 전통적 식문화라고 불리는 맛을 일본에서 재현한 라이밀 90%의 흑빵. 천연 재료를 고집해 신데렐라에 버금가는 인기를 자랑한다.

제정러시아 시대, 귀족들이 홍차를 마실 때 과자로 애용하던 것을 재현했다. 브랜디와 럼주에 재운 풍미 있는 건포도에 고소한 호두, 상큼한 오렌지 껍질을 넣은 상드리용의 대표 빵이다. 슬라이스했을 때의 임팩트는 두말할 것 없고, 화려한 맛은 그야말로 신데렐라를 방불케 한다.

사이타마

크루아상 B.C. 쿠로왓상비씨 クロワッサンB.C.
데이지

본고장 프랑스의 맛

프랑스를 여행하며 본고장의 프랑스빵에 매료되어 제빵사를 꿈꾸게 된 점주가 교토에서 수련한 후, 고향인 사이타마현 가와구치시에 개업했다. 매일 200종이나 되는 빵과 양과자가 나오는 중에서도 인기인 것이 이 빵이다. 아몬드케이크를 크루아상 반죽으로 감싸고, 소보로 형태의 쿠키 반죽과 아몬드를 토핑해 구워냈다. 일본 농림수산장관상을 수상했다.

버터의 B와 세 개의 C가 숨겨져 있어!

B. C.의 B는 버터, C는 크루아상, 쿠키, 케이크를 의미한다. 또 가게 이름은 밟혀도 죽지 않는 강한 꽃, 데이지에서 따왔다.

야마나시

축빵 슈쿠빵 祝パン

하기하라제빵소

인생의 출발을 축하하는 빵

보기에도 경사스러운 홍백 축빵도!

일반 빵과 비교해 보존 기간이 긴 것도 축빵의 특징이다. 결혼식 등 답례품으로 '홍백 축빵'도 특별 주문할 수 있다.

1960년 창업 이후, 야마나시현 야마나시시에서 학교급식 빵을 제조하던 하기하라제빵소의 대표 메뉴다. 야마나시시를 중심으로 예로부터 사랑받아왔다. 밀을 사용한 반죽을 단단하게 구워내, 창업 당시에는 아직 귀했던 설탕으로 코팅했다. 인생의 출발을 축하하는 경사스러운 빵으로 지금까지 소중하게 이어져 내려오고 있다.

야마나시

축빵 슈쿠빵 祝パン

마치다제빵

경사에 빠뜨릴 수 없는 행운의 빵

과거 밀 산지로 유명했던 야마나시현 고슈시에서 1950년대 중반부터 제조를 시작한 마치다제빵. 여기서 만든 축빵을 학교 입학식이나 축제 등의 행사 때 나눠줬다. 약간 단단한 타원형 빵 위에 끓여서 녹인 설탕이 발려 있는 것으로, 50년 이상의 역사를 지녔다. 경사 때의 길조로 야마나시현 교토峽東 지역에서 사랑받고 있는 상품이다.

단단하고 달콤한 옛날 그대로의 변함없는 맛과 제조법

보존 기간이 길고 칼로리도 높기 때문에, 근래에는 등산객이 보존식용으로 구입하는 경우도 많다. '딱딱빵' '학교빵' 같은 별칭도 있다.

점심시간에 돌진!

학교 매점 빵

학교 매점 빵. 지금은 지방에서도 사라질 위기에 놓인 듯하나, 도쿄도 스기나미구에 있는 동네 빵집이 일곱 군데 고등학교에서 빵을 판매한다는 정보를 입수! 가게 취재와 함께 그중 한 학교인 스기나미고등학교 판매에 따라갔다.

취재·글 / 가리베 야마모토

'빵'이라고 하면 동네 빵집의 콧페빵이나 간식빵을 떠올리는 사람도 많을 것이다. 해 질 무렵 상점가의 유리창 너머 진열된 빵, 점심시간까지 참지 못하고 매점으로 달려가 구입한 빵. 그 상황을 떠올리는 것만으로 침을 삼키게 된다. 이제 사라질 위기에 놓였지만, 현지 빵집이 매점 형태로 들어가 있는 도쿄의 도립 고등학교가 있다.

스기나미구에 있는 '고미야'는 도쿄도 내의 7개 학교에서 빵을 판매하고 있다. 어느 고등학교든 모두 점심시간대가 가장 잘 팔리기 때문에 직원이 총출동하여 각 학교로 흩어지고, 12시 30분의 점심시간에 대비해 12시경부터 준비를 시작한다. 그 사이에 직원 한 명이 100개 가까운 빵을 판매할 준비를 해야 한다. '푸드레이너'라고 불리는 대형 플라스틱 용기에 담은 빵을 비닐봉투에 개별 포장하여, 가격표를 붙여나간다. 참고로 가격은 점포에서보다 조금 저렴하게 판매하고 있다. 학생들의 든든한 아군이다.

커다란 유리창을 통해 점심의 햇살이 내리쬐는 중정을 뒤로하고 진열된 빵. 한 학생에게 인기 있는 빵을 물어본 결과, 크림튀김빵이라는 제법 색다른 이름이 거론됐다.

갓 구운 만큼 어떤 빵도 맛있어 보인다. 줄 서 있는 학생들은 그저 자신이 사려는 빵이 다 팔리지 않기만을 바랄 뿐이다.

채 준비가 덜 됐을 때, 드문드문 선생님들이 사러 온다. 수업 중인 학생들보다 먼저 오는 부정행위이기는 하지만, 이는 선생님의 특권이다. 이러저러한 사이에 빵이 진열된다. 그 순간 종이 울리고, 드디어 학생들이 찾아온다. 즐비한 빵은 복도에 늘어선 학생들의 줄이 서서히 줄어들면서 조금씩 사라져간다. 인기인 크림튀김빵 외에 햄어니언이나 피자빵 등 배를 채울 수 있는 빵을 중심으로 팔려, 불과 10분이 안 돼 107개의 빵이 완판되어버렸다!

코로나19로 인해 고미야가 판매를 하는 고등학교는 줄어들고 있다고 한다. 또 판매를 전혀 할 수 없는 시기도 있었다고 한다. 지금까지는 당연하게 팔던 것이 없어짐으로써, 그 존재의 고마움을 알게 된 학생도 분명 많을 것이다. 그리고 오랜만에 접한 학교 매점 빵은 분명 현지에서 오랜 세월 사랑받아온 수제 빵 특유의 행복의 맛이었을 것이다.

　고미야는 마루노우치선 미나미아사가야역에서 도보 10분 이상 떨어진, 이쓰카이치 거리 변 주택가에 있다. 주변에는 연립주택이 많고, 현지인들밖에 모를 법한 숨겨진 개인 상점도 곳곳에서 볼 수 있다. 약 75년 전에 양과자점 고미야로 개업하여, 이후 빵도 판매하게 되었다. 그 때문인지 생크림이나 커스터드를 사용한 빵으로 정평이 나 있다. 대표 메뉴인 크림빵도 그렇지만, 스기나미고등학교 판매 때도 인기였던 크림튀김빵이 가게에서도 잘 팔린다. 다양한 종류의 재료가 들어간 도그빵 외에 쇼트케이크나 모카롤처럼 쇼와시대를 그대로 느낄 수 있는 케이크 등의 상품들도 갖췄다.

　모두 특별한 재료나 제조법이 있는 것이 아니라, 정통의 끝이라고 할까. 평범한 것, 그것이야말로 최고라는 듯한 당연한 맛이 담겨 있다. 시대가 흘러가면서도 계속 사랑받아온 맛을 잊지 않겠다는 가게의 자세가 빵과 케이크의 맛에도 드러나는 듯하다.

야키소바도그 야키소바독구 焼きそばドッグ

둥근 빵에 '그야말로 야키소바'라고 할 만한 소스로 맛을 낸 면이 듬뿍. 맛의 포인트로는 베니쇼가(붉게 색을 낸 생강 절임)가 쓰였다.

크림튀김빵 쿠리무아게빵 クリームあげパン

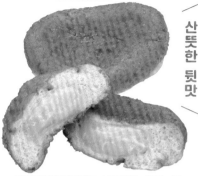

첨가물을 일절 넣지 않고 노른자만을 사용한 진한 커스터드가 입안에서 살살 녹는다.

크루아상 쿠로왓상 クロワッサン

바삭바삭한 크루아상은 일반적인 크기보다 꽤 큰 사이즈로 정말 맛있다!

트위스트도넛 츠이스토도나츠 ツイストドーナツ

꼬아서 튀긴 달콤한 계열의 빵도 쇼와시대 빵집 특유의 제품이다. 한 입물면 단맛이 주욱 배어 나오는 느낌이 정겹다.

인터뷰

2020년 3월, 코로나19로 인한 고등학교 휴교도 영향을 미쳐 가게의 월 매출은 80% 가까이 급격하게 떨어졌다고 한다.

"딸이요. 봄방학이나 휴교 중에도 빵을 사러 와주는 고등학생들한테는 할인을 해준다는 포스터를 만들어서 SNS인지 뭔지 우리는 잘 모르는 데다 홍보했더니 글쎄, 고등학교 졸업생들이랑 예전에 근처에 살았던 사람들까지 멀리서 와주더라고요."

항상 고미야를 아끼고 사랑해주셔서 감사합니다.
요즘이, SNS에 응원 초대 글을 많은 분들이 퍼뜨려주시고, 또 정말로 많은 분들이 가게를 찾아와 빵과 케이크를 구입해주셨습니다.
덕분에 고미야는 폐점 위기에서 벗어날 수 있었습니다!!
6월 중순부터는 고등학교 매점 판매도 재개하게 되었습니다.
지금까지 가게에 발걸음해주신 분들께 진심으로 감사드립니다. 앞으로도 계속해서 고미야를 잘 부탁드립니다.
점주

점주인 후지무라 유지 씨와 아내 교코 씨.

SNS에 올린 글은 순식간에 퍼져, 작은 사회 현상까지 되었다.

"저녁 TV 방송이랑 신문에서 취재를 왔어요. 감사하게, 만들어도 만들어도 빵은 바로 팔리는 상태예요. 덕분에 오늘까지 이어가고 있어요."

가게에는 SNS에서 퍼진 덕에 폐점 위기를 면했다는 취지의 감사 인사를 담은 포스터가 얼마 동안 붙어 있었다. 지역 주민들에게 동네 빵집이 얼마나 소중한 존재인지, 그 연결 고리가 얼마나 강한지를 재확인시켜주었다.

추억의 학교급식 빵

일본에서 급식의 기원은 메이지시대, 야마가타현의 절 안에 세워진 사립 초등학교에서 가정형편이 어려운 아이들에게 무상으로 제공했던 점심이 최초로 여겨진다. 다이쇼시대에 들어서면서 학교급식은 아동의 영양 개선을 위해 서서히 확산되다가, 전쟁으로 인한 식량 부족 등으로 중단되었다. 어느 시대건 제공된 것은 어디까지나 밥, 쌀이 기본이었다.

빵이 급식에 나온 것은 제2차 세계대전 이후의 일이다. 식량난으로 아동의 영양상태가 악화되고 국민의 바람이 높아짐으로써 염원하던 급식이 재개되었다. 1954년에는 '학교급식법'이 제정돼, 드디어 법적으로 일본 전국의 초등학교·중학교에서 급식을 실시하는 체제가 정비되었다. 이때 주식으로 지정된 것이 빵이었다.

제2차 세계대전 이후 일본을 통치한 GHQ(연합군최고사령부)가 자국의 밀가루를 일본에 수출하려는 의도가 있었다고는 하나, 학교급식의 목표는 어디까지나 '적절한 영양 섭취에 따른 건강 유지 및 증진을 도모'하는 것이었다. 학교급식은 하루에 필요한

1950년대 중반에서 1960년대 중반의 급식을 재현했다. 대표 격인 콧페빵과 인기였던 튀김빵. 건포도빵을 싫어하는 아이는 건포도를 떼어내고 먹지 않았을까. 조리는 급식 센터나 교내 급식실에서 이뤄졌으나, 빵은 현지 빵집에서 납품하는 경우가 많았다.

영양소 중 약 3분의 1을 섭취할 수 있도록 균형을 고려하여 만들어져, 무척 고마운 존재였다. 1960년대 중반이 되자 미트 소스 등을 끼얹어 슬라이스한 식빵과 함께 먹는 '소프트 면'도 등장했다. 콧페빵이나 식빵은 잼을 바르거나 반찬을 끼우는 등 변형하여 먹을 수도 있었다. 1976년, 빵과 병행하여 쌀밥 급식이 도입되기 전에는 급식이라고 하면 빵이 주식이었다.

헤이세이시대에 접어들고서는 수많은 지역에서 튀김빵이 제공되었다. 콧페빵을 기름에 튀겨 설탕으로 달콤하게 맛을 낸 디저트 같은 빵이었다. 설탕 외에 콩고물이나 코코아 등의 맛도 추가돼, 급식의 슈퍼스타로 아이들의 마음을 확 사로잡았다.

성장기 아이들에게 필요한 영양소를 균형 있게 섭취할 수 있는 급식 시간. 예나 지금이나 즐거운 시간임에는 변함이 없다.

*사진 제공: 일본스포츠진흥센터

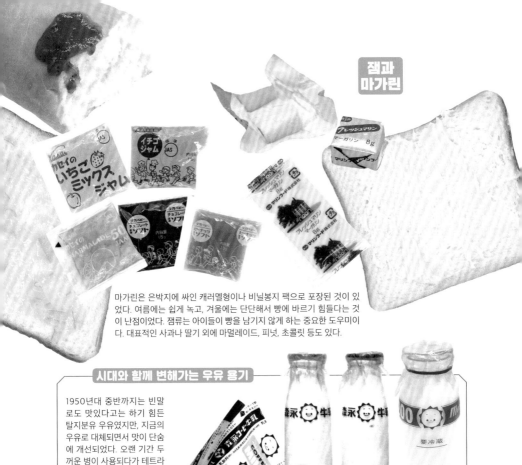

마가린은 은박지에 싸인 캐러멜형이나 비닐봉지 팩으로 포장된 것이 있었다. 여름에는 쉽게 녹고, 겨울에는 단단해서 빵에 바르기 힘들다는 것이 난점이었다. 잼류는 아이들이 빵을 남기지 않게 하는 중요한 도우미이다. 대표적인 사과나 딸기 외에 마멀레이드, 피넛, 초콜릿 등도 있다.

시대와 함께 변해가는 우유 용기

1950년대 중반까지는 빈말로도 맛있다고는 하기 힘든 탈지분유 우유였지만, 지금의 우유로 대체되면서 맛이 단숨에 개선되었다. 오랜 기간 두꺼운 병이 사용되다가 테트라 팩이 되었고, 결국 장방형의 브릭 팩으로 바뀌었다.

급식 빵에 빼놓을 수 없는 것이라고 하면 잼과 마가린이다. 콧페빵뿐만 아니라 식빵의 비율이 늘어남과 동시에 그러한 스프레드도 자주 등장하게 되었다. 비닐로 된 작은 포장의 끄트머리를 손으로 찢어 조심스럽게 짜면서 빵에 발랐다. 가끔씩만 나오는 초콜릿 맛은 빵의 친구로 큰 인기였다. 남은 잼은 가위바위보로 획득해, 호사스럽게 두 개를 발라본 사람도 있을 것이다.

또 빠지면 섭섭한 것이 우유다. 우유는 초기에 병 제품이 제공되다가 그 후, 삼각형의 테트라 팩(삼각 팩)을 도입하는 학교가 늘어났다. 헤이세이시대에 들어서면서 사각 브릭 팩이 되었고, 지금은 이것이 주류다. 우유병 시절에는 때때로 '밀메이크'라는, 우유에 섞어 마시는 커피와 비슷한 맛의 분말이 등장했다. 하지만 지역에 따라 없는 곳도 있기 때문에 '급식, 그땐 그랬지' 같은 이야기를 할 때면 논란이 되는 아이템이다.

3부
모두의 동네 빵집

각 지역마다 현지 주민들에게 오랜 세월 사랑받고 있는 '동네 빵집'이 있다. 그 토지에 뿌리내린 제빵사가 지역다움을 표현하기 위해 고안해낸 오리지널 빵. 그 빵들은 결국 동네에 없어서는 안 될 맛이 되었고, 가게 또한 동네의 풍경에 빠뜨릴 수 없는 존재가 되었다. 여기서는 그러한 동네 빵집들이 만들어내는, 동네가 자랑하는 현지 빵을 소개한다.

네 개로 쪼개기 쉽다
그래서 이름도 '4등분(요쓰와리)'

요쓰와리 요쓰와리 よつわり

출시 때는 플라워빵이라고 이름 붙었으나, 손님이 '요쓰와리빵'이라고 불러 이름을 바꿨다고 한다.

하라마치제빵 原町製パン 후쿠시마

1951년 창업해 현지 주민들에게 사랑받고 있는 노포 빵집의 간판 메뉴. 십자 모양 칼집을 넣은 빵에 고운팥앙금과 휘핑크림을 채우고, 시럽에 절인 체리를 올렸다. 이를 기본으로 딸기나 여름귤 등 매일 7~8종의 맛이 등장한다.

미나미소마시 하라마치구 사카에초에서 개업해, 2011년 혼진마에로 이전했다. 학교급식 빵도 만들고 있다.

색이 진한 아래쪽
또한 맛있다!

특제 커피크림을 넣은 간식빵이지만, 빵 전체에 진한 커피 풍미가 퍼진다.

뒤집으면 이렇다. 빵 바닥 면에 배어 나온 커피색이 진할수록 손님들이 좋아한다.

커피빵 코히빵 コーヒーパン

후타바야빵집 二葉屋パン店 후쿠시마

안에 채우려던 크림이 바깥으로 삐져나와 실패작이 되었으나, 먹어봤더니 맛있어서 개량을 거쳐 출시된 것이 반세기 전, 조부모 시대의 이야기다. 이후에 맛도 포장도 변함없는 롱셀러가 되었다. 학교 매점에서도 판매되고 있는 청춘의 맛이다.

Close-UP!

수제 크림을
듬뿍 샌드

심플한 빵인 만큼 재료가 중요하다. 갓
구운 콧페빵은 폭신 & 촉촉!

빵노카부토 パンのカブト 니가타

'온정과 전통의 빵 만들기, 좋은 원료와 갓 구
운 빵 자신 있습니다'를 캐치프레이즈로, 창업
86년을 넘긴 노포의 대표 상품이다. 1940년
대 중반부터 판매된 빵으로, 말랑말랑한 빵에
생크림처럼 살살 녹는 수제 크림을 샌드했다.
변함없는 맛도 인기.

소금빵이나 특제 명란 프랑스빵, 큼직한
소고기가 들어 있는 카레빵도 인기. 신상
품 개발에도 여념이 없다

데워 먹으면 더욱
맛있는 현지 명물

Close-UP!

회오리빵 우즈마키빵
うずまきパン

평상시에는 고체 형태인 마가린, 데워
서 녹아내리면 안이 비어서 폭신한 느
낌 UP!

고후루이과자점 小古井菓子店 나가노

나가노현의 명소인 시부온천 한편에 자리한
1932년 창업의 노포. 커스터드크림이 회오리
모양으로 올라간 현지 명물 빵이다. 전자레인
지에 데우면 가운데 마가린이 녹아 더욱 촉촉
해진다. 구입할 때 '바로 먹는다'고 말하면 그
자리에서 데워준다.

창업 이후, 화과자를 중심으로 양과자나 빵도 제조·판매해오고 있다.
온천가에 잘 어울리는 정취 깊은 외관.

쌀기름으로 튀긴 빵에 특제 고운팥앙금

기름빵 아부라빵 油ぱん

가와마타마치에 있는 본점 입구에는 그리움이 느껴지는 노란색 텐트 어닝이 있다. 점포 벽면에는 친숙한 '기름빵' 일러스트도.

'기름빵'이 완성될 때까지

① 공방에서 만든 수제 팥소

④ 팥소와의 궁합도 최고

⑦ 고소하고 깔끔한 맛의 쌀기름

② 부드럽고 쫄깃한 식감의 반죽.

⑤ 경험이 풍부한 제빵사의 기술.

⑧ 갓 튀긴 후의 좋은 냄새!

③ 독자적인 비율로 배합한 밀가루 사용.

⑥ 정성스레 수작업으로 튀긴다.

⑨ 포장하면 완성.

기요카와제과제빵점 清川製菓製パン店 (후쿠시마)

1947년, 3대째인 현재 점주의 조부가 제2차 세계대전 이후 배급 빵을 만든 데서 시작됐다는 노포. 먹을 것이 적었던 시절, 빵 안에 특제 고운팥앙금을 넣어 기름에 튀긴 기름빵을 개발했다. 2대 점주가 기름에 심혈을 기울인 결과, 쌀기름에 도달했다. 나아가 3대 점주가 세 종류의 가루를 블렌딩해, 요즘 손님들의 입맛에 맞춘 반죽으로 업그레이드시켰다. 직접 만든 팥소와의 절묘한 맛으로, 옛 생각 나는 쇼와시대의 빵이 지금 레이와시대의 손님들에게도 사랑받고 있다. TV나 라디오, 신문, 잡지에 소개된 적도 많은데, 그때마다 완판되는 시간이 빨라졌다고 한다. 어린아이부터 노년층까지 폭넓은 세대의 팬을 보유한, 후쿠시마의 현지 빵이다.

코티만의
두툼한 묽은 양갱!

시베리아 시베리아
シベリア

국내외 시베리아 팬들로부터 뜨거운 지지를 받고 있는 시베리아의 성지다. (왼쪽)정초 3일간은 시베리아와 아마쇼쿠(동그란 모양에 가운데가 솟아오른 일본의 전통 구움과자)만 진열대에 놓인다.

코티의 역사

1940년대 중반 무렵

쇼와시대의 간판에는 '오시루코와 젠자이(일본식 팥죽으로 지역에 따라 재료와 조리법이 다르다)'도 있다. 대대로 수제 양금을 제조해왔다.

1950년대 중반 무렵

1960년대 중반 무렵

창업 100년을 넘긴, 요코하마시 나카구 하나사키초의 노포 수제 아마쇼쿠도 유명하다.

코티베이커리 コティベーカリー 가나가와

가나가와현의 사쿠라기초역에서 도보 3분 정도 떨어진 위치에 있는, 다이쇼시대에 세워진 노포 빵집. 지금은 만드는 가게도 적어진 시베리아가 유명하다. 다이쇼시대부터 대대로 이어져온 제품이지만, 그것을 물려받은 각 대의 점주가 시대에 맞춘 아이디어를 더하면서 더욱 맛을 살려 지금에 이르렀다. 달걀의 팽창력이 폭신폭신한 카스텔라의 생명이기 때문에 신선한 달걀만을 사용한다. 카스텔라 사이에 끼운 묽은 양갱은 시간을 아끼지 않고 공들여 직접 만들었다. 빵과 함께 베어 물었을 때 입에서 녹는 균형감이 절묘하다. 특히 단맛을 좋아했던 선대 점주에 의해 묽은 양갱의 비율이 서서히 두꺼워지다 사진과 같은 두께가 되었다. 여름에는 얼려서 빙과로 먹는 사람도 있다.

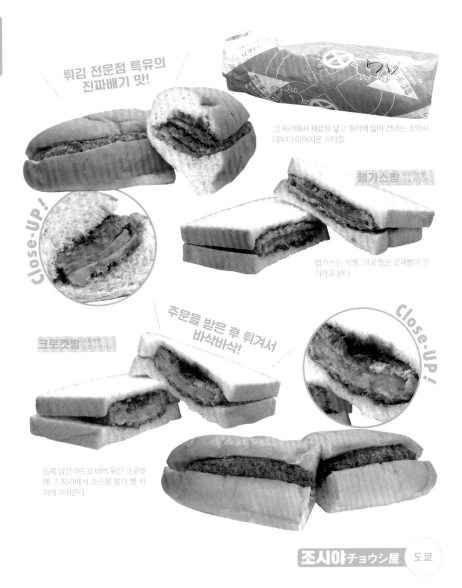

튀김 전문점 특유의
진짜배기 맛!

그 자리에서 재료를 넣고 종이에 말아 건네는, 쇼와시대부터 이어져온 스타일.

햄가스빵 하무카스빵 ハムカツパン

햄가스는 식빵, 크로켓은 콧페빵이 인기라고 한다.

Close-UP!

주문을 받은 후 튀겨서
바삭바삭!

크로켓빵 코롯케빵 コロッケパン

Close-UP!

듬뿍 담긴 라드로 바싹 튀긴 크로켓에 그 자리에서 소스를 발라 빵 사이에 끼워준다.

조시야 チョウシ屋 도쿄

도쿄 히가시긴자에서 1927년 창업한 노포. 창업 당시에는 양식집이었으나, 그 후 튀김도 판매하는 정육점이 되었다. 2대 점주에서 3대 점주로 바통 터치할 때, 튀김집으로 완전히 변신했다. 1940년대 후반, 손님이 빵을 가져와 '여기에 크로켓을 끼워주세요'라고 말한 것을 계기로 크로켓빵도 판매하게 되었다고 한다. 또 햄가스빵도 메뉴판에 없는 메뉴로 존재했으나, 2000년에 상품화했다. 현지인들은 물론, 근처 오피스가의 회사원이나 지방에서 방문하는 사람도 있다. 산와로랑이라는 가게의 빵을 사용하고 있으며, 콧페빵과 식빵 중 하나를 고르면 된다.

'조시야'라는 가게 이름은, 초대 점주가 지바현 조시시에 살고 있던 데서 유래했다. 히가시긴자의 쇼와 거리 초입에 있다.

가게 간판에 '원조 크로켓'이라고 쓰여 있듯, 조시야는 크로켓 발상지였던 정육점 빵에 끼워 먹어도 일품이다!

조시야의 소스

오리지널 소스도 작은 병에 담아 판매 중!

각 샌드에 뿌려진 소스는 100ml, 300ml 병에 담아 '오리지널 조시야 소스'로 판매하고 있다. 원재료는 사과, 토마토, 양파 등이다. 너무 달거나 진하지 않은 옛날 느낌의 매콤달콤한 맛으로, 여러 종류의 샌드에 소스를 뿌려도 맛있다.

고운팥앙금을 샌드한
이쪽도 큰 인기!

콧페빵 앙버터 콧페빵 앙바타
コッペパン アンバタ

후카이도산 팥을 사용한 콧페
빵 앙버터도 인기다. 이 가게의
콧페빵은 학교급식에도 납품
된다.

산오레 상오레
サンオレ

베이커리 & 카페 빨간 머리 앤 ベーカリー&カフェ 赤毛のアン 지바

다이쇼시대의 막과자 가게를 뿌리로 하는, 지
바현 조시시에서는 유명한 빵집이다. 1967년,
가게가 자랑하는 수제 달걀샐러드를 손님들이
맛있게 먹어줬으면 하는 마음에 빵으로 그릇
을 만든 데서 산오레가 탄생했다. 빵과 달걀샐
러드의 절묘한 분량 비율이 맛의 비결이다.

매일 양계장에서 도착하는 신선 자연란을 사용한다. 가게 이름에는 수제
과자를 향한 마음이 담겨 있다.

땅콩크림

잼마가린

주문을 받고 나서
크림을 발라요!

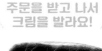

대표 메뉴 외에 레몬크림이나 커스터드
등 계절 한정 제품도 다수.

앙마가린

콧페빵 콧페빵
コッペパン

크로켓빵 코롯케빵
コロッケぱん

미요시노 美よしの 이바라키

메이지시대가 끝날 무렵, 초대 점주가 도쿄
혼고에서 화과자 가게를 창업한 것이 시작이
다. 전쟁 중, 2대 점주가 현재 자리인 이바라키
현 고가시로 이전했다. 간판 상품인 콧페빵은
1957년 출시되었다. 주문을 받은 후 고객 앞에
서 크림을 바르는 전문적인 가게다.

크로켓빵이나 샌드위치도 인기다. 콧페빵 이외에도 수많은 반찬빵 판매 중.

앙금의 단맛과
버터의 짠맛이 매치!

モリオカ 명소로 인기인 장소 봉투에 담긴 앙버터샌드는
최적의 선물이다.

앙버터 앙바타
あんバター

마치 학교 건물 같은 외관. 모리
오카에 가면 방문하고 싶은 장소
로, 주말에는 붐빌 정도로 인기가
높다.

호박이나 크림, 긴 사과 등 여기서만 맛볼 수 있는 메뉴도 많다.

후쿠다빵福田パン 이와테

모리오카시 주민이라면 누구나 알고 있는 유명한 빵집으로, 1948년 창업했다. 디저트류부터 반찬류까지 실
로 50종이나 되는 재료 가운데 좋아하는 것을 고르면, 그 자리에서 콧페빵에 1~2종의 크림을 발라주는 스타
일이다. 그중에서도 인기인 앙버터는 현 사장의 어머니가 따로따로 주문이 들어온 앙금과 버터를 실수로 함
께 바른 데서 우연히 탄생했다. 40년도 전의 일이다. 지금은 주문의 약 30%를 앙버터가 차지한다고 한다.
가게 안에는 긴 카운터 석이 있어, 마치 학생식당과 같은 분위기다. 칠판을 흉내 낸 보드에는 메뉴가 죽 적혀
있으며, 그 조합은 무한대다. 재료의 맛과 더불어 매일 먹어도 질리지 않는다는 평판을 얻고 있다.

독자적인 콧페빵과
버터크림

손님들에게 '갓 구운 빵을 먹이고 싶다'라는 마음 때문에 '샌드빵' 판매는 주로 조에쓰 지방으로 한정되어 있다.

샌드빵 산도빵
サンドパン

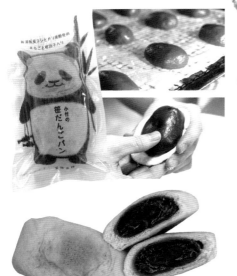

대대로 이어져 내려온 화과자 사업과 빵 사업을 주축으로 한다. 신상품 개발에도 의욕적인 제과 업체다.

사사단고빵 사사당고빵
笹だんごパン

고타케제과 小竹製菓 니가타

니가타현 조에쓰시 변두리의 다카다에서 1924년 화과자 가게로 창업했다. 처음에는 리어카를 끌고 다니며 판매했다고 한다. 제2차 세계대전이 끝나고 빵 부문을 설립했다. 빵과 화과자 사업을 비롯해 이 무렵에 명물 샌드빵도 탄생했다. 또, 7년이라는 세월 끝에 완성된 사사단고(조릿대경단)빵은 2015년에 탄생했다. 니가타 명물인 사사단고를 조에쓰산 고시히카리로 만든 쌀가루 반죽으로 감쌌다. 반죽을 얇게 함으로써 첫입부터 사사단고와 함께 맛볼 수 있게 되어 있다. 지금까지 없던 개성 있는 쫄깃한 식감과 귀여운 포장이 큰 호평을 받고 있다. TV나 잡지 등 많은 매체에서 다뤄지고 있으며, 예약 주문도 가능하다.

도가네시 주민들에게 '멜론빵'이라고 하면 비스킷 반죽이 올라간 빵이 아니라, 이 가게의 이 맛을 가리킨다.

Close-UP!

적당한 단맛과 신맛의 특제 잼 주입

멜론빵 에론빵 メロンパン

카스텔라빵 카스테라빵 カステラパン

기무라야베이커리 木村屋ベーカリー 〔지바〕

창업 당시부터 내려오는 메뉴도 많고, 미치노에키(휴게시설인 '겯실의 고향'에서도 현지의 맛으로 판매 중이다.

1925년부터 이어져온 도가네시의 노포다. 점주의 할머니가 고안한, 수제 멜론크림을 넣은 멜론빵에 사과와 딸기 믹스잼을 바른 카스텔라빵은 대대로 전해져 내려오는 전통의 맛이다. 귀성하는 사람들도 '반갑다'며 빵을 사러 들른다.

창업 당시부터의 롱셀러

달걀빵생 타마고빵나마 たまごパン生

달걀빵 타마고빵 たまごパン

부동의 인기를 자랑하는 달걀빵에 생크림을 샌드한 달걀빵생. 이것도 인기가 많다.

아시아제빵소 アジア製パン所 〔군마〕

오랫동안 학교용 급식 빵도 제조했다. 갓 구운 빵을 급속 냉동해 온라인판매도 하고 있다.

しあわせを、食べる。
アジアパン
Asia Bakery

오사카에서 제빵업을 하고 있던 창업자가 고향인 마에바시로 돌아와 1945년에 창업했다. 심플한 재료로 맛있는 빵을 만들겠다며 다이쇼시대에 유행한 밀가루, 달걀, 설탕만으로 만든 비스킷빵의 제조법에 아이디어를 거듭한 결과 달걀빵이 탄생했다. 가장 인기 있는 상품이다.

100년 이상에 걸친 군마현 주민들의 영양식

영양빵 에요빵 풍롱빵

닛티빵이 만드는 학교급식 빵과 마찬가지로, 향료나 보존료는 일절 사용하지 않았다. 은은하게 달콤한 풍미.

닛타빵 新田パン 군마

1917년 창업 당시부터 판매되어온 엄청난 롱셀러 영양빵. 먹을 것이 풍족하지 않던 시절에 사람들이 영양소를 섭취하길 바라는 마음에서 창업자인 호시노 데이사부로 씨가 고안했다. 수제 흑밀을 반죽에 섞은 흑빵에 아마낫토와 건포도를 넣었다. 당시 레시피를 지금도 이어받고 있다.

창업 당시의 건물에서 판매 중으로, 4대에 걸친 팬도 많고 직판장은 지금도 큰 인기다.

살짝 눌은 부분이 또 맛있다!

건포도

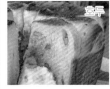

호두

직경 약 26cm, 두께 약 15cm로 충분한 포만감. 시간이 지나도 맛이 떨어지지 않는 점 또한 인기의 비결이다.

아마낫토

1987년 창업. 가게 또한 오너가 직접 지었으며, 내부 인테리어는 컬러풀하면서도 차분한 분위기다.

호박

냄비빵 니베빵 롱빵パン

오사마노빵 王様のパン 홋카이도

무수분 냄비로 반죽을 2차 발효시켜 통째로 구워냄으로써 빵에 수분과 향을 가둬두었다. 홋카이도산 밀 하루유타카를 사용해, 풍부한 향과 촉촉한 식감으로 인기가 높다. 현지 홋카이도 아사히카와시 주민은 물론, 공식사이트에서도 판매해 전국에 팬이 있으며 재구매 고객도 많다.

熊本県産 小麦 ミナミノカオリ 使用

熊本産「葉ねぎ」 たっぷり 使用

ネギパン®

─つひとつ手作りのパン屋『タカオカパン』

ちから

力 もち入

あんぱん

おいしい キヨカワ の

元祖 **油ぱん**

Coffee Snack®
マイナスイオン水使用

コーヒー スナック

Coffee Snack®
マイナスイオン水使用

コーヒー スナック

イケダパン

シンコム 3号

復刻版

セブラパン

カステラサンド

101

모닝 서비스의 발상지 이치노미야시

초호화!
이치노미야 모닝!!

깃사 피트 인
喫茶 ピットイン

차방 아트 갤러리 아키시노안
茶房アートギャラリー あきしの庵

커피찻집 아키자쿠라
珈琲茶屋 秋桜

　　카페 경양식이라고 들으면 떠오르는 것은, 역시나 빵이다. 그중에서도 '모닝(현지에서는 모닝 서비스를 줄여 모닝이라고 부른다)'이라고 하면 갓 내린 커피와 토스트, 삶은 달걀이 정석이다.

　　모닝의 발상지로 알려진 곳은 아이치현 이치노미야시. 나고야시의 북쪽인 기후현과의 접경 지역에 있으며, 인구는 약 38만 명이다. 과거 마스미다신사의 몬젠마치(유력한 신사나 절 앞에 형성된 동네)로 번성했던, 아이치현의 핵심 지역 중 한 곳이다.

　　과거 이치노미야시는 비슈 직물이라고 불리는 직물의 대표적인 생산지로, 아이치현은 일본 내 모직물 점유율 60%를 차지하고 있었다. 그 정점이었던 1950년대 중후반에는 이치노미야에서 섬유업자들과 종업원들이 밤낮 가리지 않고 카페에 들렀다고 한다. 식사나 휴식을 위해서도 있지만, 공장의 기계 소리가 시끄러워 사무실에서 상담을 할 수 없었기 때문에 조용한 카페가 귀중하게 여겨진 측면도 있다.

　　그러던 중, 매일 찾아오는 단골손님들을 위해 사람 좋은 가게 주인이 아침 서비스

기본 토스트
&샌드위치!!

깃사 히라시마
喫茶ひらしま

카페 아라비카
カフェ アラビカ

깃사 조후
喫茶 清風

카페 k's
カフェ k's

철판 오코노미야키 카페 STAGE
鉄板お好み焼きカフェ STAGE

로 커피에 삶은 달걀과 땅콩을 덤으로 준 것이 이치노미야 모닝의 시작이다. 그 서비스는 이윽고 이치노미야에 그치지 않고 나고야시, 기후시로도 파급되었다. 동시에 서비스 또한 서서히 확대되어 이제는 커피인지 식사인지 모를 정도의 수준으로 발전해간 것이다.

지금은 전국적으로 유명한 이치노미야 발상의 모닝은 서비스 정신이 낳은, 손님에게 있어서는 무척 고마운 아이치현 특유의 문화라고 할 수 있다.

일요일 아침 무렵 가족 모두 모닝을 먹으러 카페에 가는 것도 일상적인 풍경이다. 일본 총무성가계조사에 따르면 전국 도도부현청 소재지를 대상으로 한 가구당 연간 카페 비용(2018년~2020년)은 기후시가 1위(1만 3564엔), 나고야시가 3위(1만 962엔)이며, 그 중간에 위치한 이치노미야시도 이에 근접한 수치인 것으로 보인다. 시내의 카페 수도 인구 1만 명당 약 스무 곳으로 최상위다.

다양한 빵의 모닝!!

몬차
モンツァ

차향방 갤러리 마쓰야
茶香房ギャラリーまつや

라 캉파뉴 카페
ラ・カンパーニュ カフェ

그린 그릴
グリーングリル

KAYONG-CHI

모닝은 갓 내린 커피와 토스트, 삶은 달걀은 물론, 튀김이나 달걀찜, 주먹밥에 된장국부터 디저트까지 이래도 되나 싶을 정도로 메뉴가 딸려 온다. 그런 모닝에 나고야 특유의 식문화 '오구라토스트'가 합세한 것도 자연스러운 흐름이라고 할 수 있다. 오구라토스트란 두툼하게 구운 토스트에 버터, 또는 마가린을 발라 오구라앙금을 올린 것이다. 다이쇼시대에 나고야시 사카에 지구에 있던 카페가 기원으로 여겨지는, 나고야 식사의 하나다. 타지역 사람들에게는 상상하기 힘든 조합일지도 모르나, 짠맛에 단맛이 올라간 그 맛에는 아무런 위화감이 없다. 나고야 사람들은 이것이 전국구 음식이 될 거라고 믿고 있다.

마찬가지로 모닝도 이치노미야, 나고야, 기후 시민은 일본 전국의 카페가 이럴 것이라고 생각하는 구석도 있는데, 물론 그렇지 않다. 오랜 세월에 걸쳐 길러져온, 일본에서도 유례가 드문 자랑할 만한 식문화다.

나고야를 대표하는
'오구라토스트'의 이치노미야 버전

얼그레이
アールグレー

스바루 커피점 지아키점
すばる珈琲店千秋店

깃사 선라이트
喫茶サンライト

이치노미야 모닝의 더욱 중요한 정보원

이치노미야 모닝 협의회는 매년, 이치노미야 모닝을 제공하는 카페를 망라한 정보 제공 책자 《이치노미야 모닝 맵》을 발행해 점포나 관광 안내소에서 무료로 배포하고 있다. 책자를 손에 들고, 이치노미야의 모닝을 찾아가 먹어보자!

*사진 제공: 이치노미야 모닝 협의회

나고야 지역 빵 '샌드롤 오구라&네오마가린'

2022년

1975년경
(출시 당시)

1980년

1981~
1982년

1983년

1988년

1998년

콧페빵에 크림을 채운 파스코의 인기 시리즈 샌드롤. 그 중에서도 주부 지방(나고야를 중심으로 한 일본 혼슈의 중앙부를 가리킴)에서 최초로 인기를 얻은 것이 '오구라&네오마가린'이다. 1975년, 공장의 제조 담당자들 사이에서 비밀스럽게 행해지던 '갓 구운 단팥빵에 마가린을 발라 먹는' 방식을 전해 들은 개발 담당자가 제품화했다. 지금도 주부 지방을 중심으로 큰 인기!

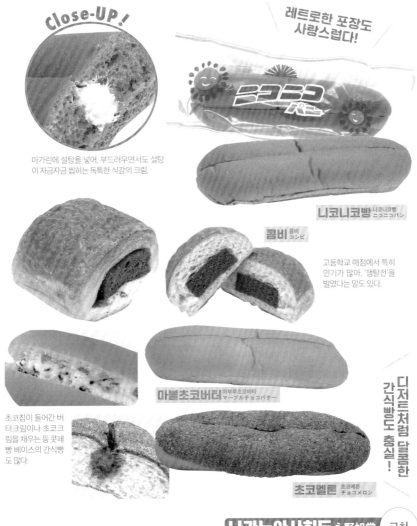

Close-UP !

레트로한 포장도
사랑스럽다!

마가린에 설탕을 넣어, 부드러우면서도 설탕
이 자금자금 씹히는 독특한 식감의 크림.

니코니코빵 니코니코빵
ニコニコパン

콤비 콤비
コンビ

고등학교 매점에서 특히
인기가 많아, '쟁탈전'을
벌였다는 말도 있다.

마블초코버터 마부루초코비타
マーブルチョコバター

초코칩이 들어간 버
터크림이나 초코크
림을 채우는 등 콧페
빵 베이스의 간식빵
도 많다.

초코멜론 초코메론
チョコメロン

디저트처럼 달콤한
간식빵으로 충실!

나가노아사히도 永野旭堂 고치

먹으면 저절로 웃음이 나오는 니코니코빵, 짭쪼름한 데니시에 부드러운 단맛의 코코아카스텔라가 들어간 콤
비, 그리고 고치현의 빵으로 유명한 모자빵(14쪽). 이 세 가지 빵은 1950년대 중반에 탄생해 당시부터 레시피
나 제조법이 거의 바뀌지 않은 나가노아사히도의 롱셀러다. 개업 당시인 쇼와시대 초기부터 현지 막과자 가
게나 고치현 내의 수많은 학교에서도 판매되었다는 점에서, 나가노아사히도의 빵은 고치현 주민들에게는 오
랜 세월에 걸쳐 친숙한 것들이 많다. 그로 인해 예전에 먹었던 추억의 빵을 팔아달라는 요청이 많아, 늘 재판
매를 검토하는 상품들이 있다고 한다.

식빵이나 핫도그, 샌드위치 등 풍부한 메뉴 덕에 손님들의 발길이 끊이지 않는다.

(위)인접한 취식 공간에는 카레나 스튜 외에 수프, 샐러드, 달걀로 구성된 '서비스 세트'도 준비되어 있다. (왼쪽)1970년경의 가게 외관.

레트로한 포장

현지 학교 매점이나 급식뿐만 아니라 슈퍼에서도 판매되고 있는 나가노아사히도의 빵. 포장은 정감이 넘치는 추억의 디자인이다. 쇼와시대 중기 무렵 등장한 이후 변함없이, 레트로함 가득하고 사랑스럽다는 평판을 얻고 있다. 빵 봉지에 끌려 다양한 종류의 빵을 사버릴 듯하다.

※위에는 과거 포장도 포함되어 있다.

Close-UP!

버터크림 바타쿠리무
バタークリーム

폭신한 콧페빵에 알맞게 단 버터크림이 매치
된 최고 인기 상품.

원재료는 모두 일본 국내산
안심되고 안전한 단 빵

파필로버터빵 파피로바타빵
パピロバターパン

버터 풍미가 빵과 어우러져 입안 가득 퍼지
는, 조금 풍성한 맛.

크림이 들어가 달달한
콧페빵도 충실

각종 롤빵 로루빵
ロールパン各種

빵은 폭신하고 부드러
우면서 쫄깃하고, 입안
에서 녹으며 온화한 단
맛이 퍼진다.

오쿠무라베이커리 オクムラベーカリー   나라

나라현 주민들에는 널리 알려져 친숙한 오쿠무라베이커리. 가게에는 초콜릿롤이나 멜론롤 등 추억의 간식빵
이 진열되어 있는데, 그 가운데 가게에서 가장 추천하는 맛은 버터크림이다. 빵뿐만 아니라 케이크 주문도 받
고 있다. '식재료는 보다 좋은 것을' 사용하자는 마음으로 원재료는 모두 일본 국내산을 고집하며, 반죽에는
나라현산 쌀가루와 훗카이도산 밀가루를 쓰고 있다. 아침 일찍 6시부터 문을 연다. 등교·출근 전에 아침이나
점심 식사용 빵을 구매하는 손님도 많다. 또, 가게에서 판매하는 것 외에 학교급식 빵을 제조하거나 병원, 양
로원, 역, 병원 매점, 고등학교, 보육원 등에도 판매하고 있다. 지역 밀착형 가게다.

1945년 창업한 노포로, 현지 초·중·고등학교에는 콧페빵과 튀김빵도 납품하고 있다.

갓 구운 향을 풍기는 가게에는 간식빵을 비롯해 쌀가루 빵이나 도넛 등 직접 만든 빵들이 진열돼 있다.

옛날 그대로의 기본 빵

흰단팥빵

오구라빵

크림빵

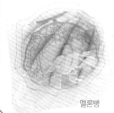

멜론빵

단팥빵

마린블루색 글자가 빛나는 심플한 버터크림(옆페이지)을 필두로, 추억의 서체, 레트로한 디자인의 빵 봉지가 눈에 띈다. 단팥빵, 크림빵, 멜론빵 등 기본 메뉴를 제대로 갖추고 있으며, 전부 누구든 먹어본 적 있을 법한, 의심할 여지 없는 추억의 맛이다.

앙프라이 앙후라이 アンフライ

Close-UP!

모두 사쿠라이시의 소울 푸드

파필로 파피로 パピロ

(오른쪽)부드러운 맛의 크림이 매력적인 파필로. (위)바삭하고 고소한 바깥쪽 식빵과, 특별히 개발된 고운팥앙금이 맛있는 앙프라이.

스트롱브레드 등 식빵 포장도 사랑스러워, SNS에 올리는 사람도 많다.

낮 11시경에는 모든 종류의 빵이 진열된다. 주말에는 관광객도 많아 점심이 지나면 품절되는 경우도 있다.

마루쓰베이커리 マルツベーカリー 나라

오미와신사나 하세데라로 알려진 나라현 사쿠라이시 시내의 첫 빵집으로 1948년에 창업했다. 간판이나 조명 등 창업 당시의 인테리어를 소중히 남겨두어, 레트로한 분위기를 느낄 수 있는 점포다. 가게를 대표하는 상품은 회오리 모양의 빵 중 파필로크림(밀크버터크림)이 들어간 파필로. 이 크림이 빵 이름의 유래가 되었다. 파필로와 마찬가지로 창업 때부터의 롱셀러가 식빵에 팥앙금을 샌드해 튀긴 앙프라이. 깔끔한 단맛의 앙금이 바삭한 식빵과 찰떡궁합이다. 그 밖에도 레트로한 빵 봉지에 담긴 잼빵과 단팥빵, 야키소바빵 등의 반찬빵도 많다.

파필로크림과 빵의 하모니

안에 들어간 크림과 빵의 균형을 잡는 데 시간이 들었다고 한다. 질리지 않고 고개가 끄덕여지는 맛이다.

파필로버터빵 파피로바타빵 パピロバターパン

세이요켄 西洋軒 | 시가

창업 100주년에 이르는, 유서 깊은 '빵 공방 세이요켄'. 제조 공장 겸 판매점은 중후한 분위기의 창고 이미지다.

1923년, 시가현 오쓰시 사카모토에서 창업했다. 현재는 오쓰시 등 지역 내 초등학교와 중학교에 급식 빵을 납품하고 있다. 1977년부터는 현지 생협과 함께 최대한 첨가물이 적은 원재료로 만드는 상품 개발에 힘쓰고 있다. 고품질에 맛있는 갓 구운 빵으로 체인 사업을 펼치고 있다.

창업했을 때부터 변함없는 맛으로 인기

보드라운 식감이 기분 좋은 고운팥앙금에 은은하게 풍기는 시나몬 향.

우예앙 우예앙 上あん

돈구 トングウ | 오카야마

소자에서 가장 오래된 빵집. 버터롤이나 삼각잼빵, 솔방울도 인기다.

빵 애호가가 많다고 알려진 오카야마현 소자시 내에서도 손꼽히는 유명한 빵집이다. 창업한 지 90년이 넘은 노포로, 현지 주민들에게는 학교급식 빵으로 친숙하다. 기름빵으로도 불리는 우예앙은 돈구의 최고 인기 상품이다. 듬뿍 들어간 수제 고운팥앙금의 적당한 단맛이 절묘하다.

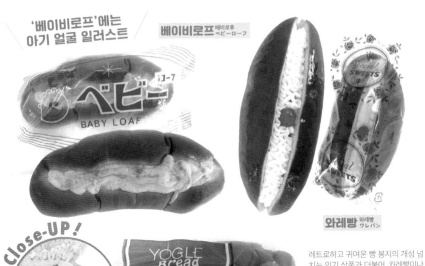

'베이비로프'에는
아기 얼굴 일러스트

베이비로프 _{베비로후}
ベビーローフ

베이비-

BABY LOAF

Close-UP!

와레빵 _{와레빵}
ワレパン

YOGLE Bread
ヨーグルパン

요구루빵 _{요구루빵}
ヨーグルパン

레트로하고 귀여운 빵 봉지의 개성 넘치는 인기 상품과 더불어, 카레빵이나 크림빵 등 대표 빵도 많다. 합리적인 가격도 인기의 비결이다.

먹음직스러운 빵을 양손 가득 껴안은 요리사가 맞이한다. 주차장은 가게 뒤편에 있다.

스기모토빵집 杉本パン店 시마네

다이쇼시대 창업하여 현지 초등학교와 중학교에 급식빵을 납품해온 덕에 야사기시에서는 친숙한 빵집이다. 그리고 창업 당시부터 변함없는 인기를 떨치고 있는 것이, 레트로한 빵 봉지도 귀여운 와레빵이다. 콧페빵에 새하얀 버터크림을 채우고, 가운데는 설탕에 절인 체리가 톡 올라간 간판 상품이다. 또 쫄깃한 식감의 빵에 마요네즈를 올려 노릇하게 구운 베이비로프나 요구르트크림을 콧페빵으로 감싼 요구루빵까지 어느 하나 빠지지 않는 롱셀러 상품이다. 야스기시 주민들에게는 청춘 그 자체의 맛이며, 지금도 꾸준한 맛의 빵으로 4대에 걸쳐 사랑받고 있다.

먹었을 때의 식감 때문에 이 이름이 되었다

미야키 시내의 유치원이나 초등학교 중학교뿐만 아니라, 슈퍼나 고등학교 매점 등에도 납품하는 지역 밀착 가게다.

미카엘도 ミカエル堂 미야자키

가톨릭신자였던 창업자가 유럽에서 파견되어 일본에 방문 중이던 신부에게 배워 빵을 만들기 시작했다. 1925년, '대천사 미카엘'을 선망하며 미카엘도라는 이름으로 개업했다. 보존료를 사용하지 않아 소비기한이 짧기 때문에 그야말로 '현지 한정의 맛'이다.

자리빵 자리빵 ジャリパン

콧페빵에 버터크림과 설탕을 섞어 채웠다. 먹었을 때 식감이 자글거리는(일본어로 '자리자리じゃりじゃり'라고 함) 데서 자리빵이라는 이름으로 정착했다.

샤리샤리빵은 종류도 다양

1950년대 중반 무렵 출시 때에는 버터빵이었으나, 안의 크림 식감 때문에 빵 이름에 '샤리샤리(설탕이 서걱거리는 식감)'가 붙었다.

샤리샤리빵 샤리샤리빵 しゃりしゃりパン

오기로빵 オギロパン 히로시마

히로시마에서는 아직 빵집이 드물었던 1918년에 오기로 야스타로 씨와 아들들이 창업했다. 빵의 풍미를 가장 소중히 여겨, 빵 반죽은 물론 앙금이나 크림 등 재료에도 심혈을 기울이고 있다. 간판 상품인 샤리샤리빵은 많을 때는 하루 800개씩 팔리는 인기 제품이다.

오기로빵의 제품들은 미하라 시내부터 히로시마현 동부인 히가시히로시마시나 히로시마시의 슈퍼까지 널리 판매되고 있다.

'옛날 생각 나!'라는 말이
사방에서 들리는 일본 문화

각종 찐빵 우시빵 蒸しパン各種

로바노빵의 기원인 기후현산 밀가루를 사용했다. 천연색소를
사용해, 안전하 안심할 수 있는 빵을 중시했다.

(위·아래)부활한 로바노빵. 이동 판매 첫날에는 온 동
네가 떠들썩했다고 한다. (오른쪽)1950년대 중반의
판매 풍경.

젤리 제리 젤리

기후에서만 판매되며 아이들에
게 큰 인기를 끌었던 환상의 찐
빵 '젤리'도 화려하게 부활했다.

잇케이안 로바노빵공방―惠庵 ロバのパン工房 (기후)

1950년대 중반에는 전국에 170개나 되는 체인점을 두고, 음악을 틀면서 이동 판매를 하던 '로바노빵 기후'.
그러나 초대 사장이 급사하는 바람에 약 20년간 그 문화가 단절되고 말았다. 그러던 2009년, 그 뜻을 이어
받아 '마루슌'이라는 이름으로 부활한 것이 이 가게다. 원래는 만주 모양의 빵을 판매했으나, 헤이세이시대가
끝나갈 무렵부터 젊은 세대에게도 쉽게 받아들여질 수 있는 귀여운 빵을 목표로, 컵케이크 모양의 찐빵으로
변경했다. 맛이나 부드러운 식감도 개선되어 더욱 맛있어졌다. 나이에 상관없이 인기가 높아져 SNS에서도
자주 볼 수 있다. 행사장이나 미노카모시의 기후세이류사토야마공원에서도 판매하고 있다.

영업비밀의 '빵 원료'가
맛의 비결

멜론

딸기잼

크림

초코

말차 롱팥앙금

쑥 고운팥앙금

치즈

호두

카페오레

흑당

모두 무방부제 제품. 홈페이지를 통한 온라인판매도 하고 있으며, 20종 이상의 찐빵을 냉장 배송으로 전국에서 구입할 수 있다.

로바 아저씨/ 따르릉/ 따르르릉/ 찾아온다/ 잼빵 롤빵/ 갓 만든 빵 갓 구운 빵/ 어떠신가요/ 초코릿빵에 단팥빵에/ 어떤 걸로 하실래요/ 따르릉

로바노빵 사카모토 도쿠시마

가가와, 도쿠시마, 에히메, 효고현 아와지시마를 돌고 있는, 이동 판매 전문 '로바노빵 사카모토'. 1953년 창업 이래 줄곧 지역 사람들에게 사랑받아왔으며, '첫 심부름이 로바노빵'이라는 아이들도 많다고 한다. 판매하는 찐빵은 표면의 껍질 부분이 터져 안쪽 내용물을 엿볼 수 있도록 만들어진 것이 특징이다. 비법 베이킹파우더 '빵 원료'의 배합 비율은 영업비밀로, 대대로 부모에서 자식에게만 전해져 내려온다고 한다. 소박하면서 독특한 풍미의 앙금이나 잼에도 심혈을 기울이고 있는데, 앙금은 제조업체에 특별 주문해 단맛을 줄였고 잼은 40년 이상 풍미가 변하지 않고 있다. 한편으로 고기만두나 감자빵 등 계절 한정 메뉴도 인기가 좋다.

비취처럼 아름다운
도야마의 명물 빵

우무와 백앙금으로 만든 양갱을
치자나 홍국 등의 식물을 사용해
물들였다.

비취빵 히스이빵 ヒスイパン

비취빵이 완성되기까지

반죽은 홋카이도산 밀.

단팥빵 완성.

선명한 색이 아름답다.

안에 고운팥앙금을 채워,

양갱 코팅.

수작업으로 봉투에 담아 완성.

시미즈제빵 清水製パン 도야마

도야마현 아사히마치의 미야자키에 있는 사카이해안은 비취 원석이 밀려오는 것으로 알려져 있으며, 현지에서는 비취 해안이라고 불린다. 그 아사히마치에서 1949년 창업한 빵집이 시미즈제빵이다. 1950년대 중반의 어느 날, 창업자가 '먹을 것을 헛되이 할 수 없다'며, 단팥빵의 탄 부분을 감추려고 화과자 제조에 사용하던 녹색 양갱을 바르면서 새로운 빵이 탄생했다. 당초에는 양갱빵이라는 이름이었으나, 빵 색깔 때문에 비취빵으로 개명함으로써 현지 주민에게 더욱 정감 가는 빵이 되었다. 실패에서 비롯된 상품이지만, 도야마의 현지 빵으로 60년 넘게 이어지는 베스트셀러가 되었다.

**입안에 퍼지는 풍부한
매실 풍미가 더없이 좋다**

와카야마현 특산물인 매실을 사용한 상품을
새롭게 개발하면서 2005년에 탄생했다.

기슈소프트매실빵 기슈소후토우메빵
紀州ソフトうめパン

수제 매실빵집 피노키오 手づくり梅パンの店 ピノキオ   와카야마

기슈 특산물인 난코우메(매실)를 반죽에 이겨 넣고, 앙금에도 매실주에 절인 매실을 섞는 등 그야말로 '매실 일색'의 진귀한 빵이다. 설탕은 일절 사용하지 않고, 난코우메가 지닌 부드러운 달콤함을 벌꿀로 끌어올림으로써 은은한 단맛을 만들어내고 있다. 와카야마 특유의 일품이다.

1982년, 와카야마시에서 오픈했다. 저단백질 빵이나 오픈탑 식빵(위쪽이 동근 식빵) 등도 인기다.

아이들이 빵 테두리까지 남기지 않고 먹을 만큼 맛있다!

공들여 만드는 앙금에는 홋카이도산 팥을 사용했다. 말차 맛이나 버터 풍미를 더한 상품도 있다.

말차앙쇼쿠

앙버터쇼쿠

앙쇼쿠 앙쇼쿠
あん食

도미즈 トミーズ   효고

식빵에 앙금을 넣을 수 없냐는 손님의 의견과, 아이들이 식빵 테두리를 남기지 않을 빵을 만들어달라는 요청을 받아들여, 시행착오 끝에 탄생했다. 그 맛이 입소문을 통해 퍼지면서 출시 후 20년이 지난 지금은 매일 약 2천 개를 제조하기에 이르렀다.

선대 사장인 기쿠치 도미오라는 이름에서 가게 이름이 '도미즈'가 되었다. 1977년 개업했다.

상상력이 탄생시킨
기적의 핫도그

프레스햄으로 개의 혀를
형상화했다. 양배추는 소
금에 절여 마요네즈, 후추
에 버무렸다.

핫도그 홋토도구
ホットドッグ

약 90종류나 되는 갓
구운 빵뿐만 아니라 쿠
키나 도넛 등 양과자도
판매하고 있다.

인기 상품인 핫도그는
창업 때부터 간판 메뉴

고기 멘치가스나 달걀샐러드 등 종류도 다양
하다. 레트로한 포장도 호평을 받고 있다.

도쿄도제빵 東京堂製パン 후쿠오카

콧페빵 안에 마요네즈에 버무린 양배추와 프레스햄을 채운 반찬빵. 1948년 첫 등장 이후, 구루메시에서 '핫
도그'라고 하면 이 빵을 의미한다. 빵이 탄생한 계기는 한 빵집 점주가 '미국에는 핫도그라는 빵이 있다'라는
말을 들은 데서 유래한다. '핫 = 덥다, 도그 = 개'를 연상해 '개가 더워서 혀를 내밀고 있는 모습'을 표현해 완성
했다고 한다.
1959년 창업한 도쿄도제빵에서도 핫도그는 창업 당시부터 간판 메뉴였다. 원래 현지 사람들이 즐겨 먹었으
나, 발상지였던 가게는 폐점했다. 그 후에도 도쿄도제빵은 계속해서 구루메시의 소울 푸드로 남녀노소에게
사랑받고 있다.

PAPILLO BUTTER BREAD

Butter Cream

バタークリーム

奥村ベーカリー

PAPILLO BUTTER BREAD

KABUTO サンドパン SINCE 1936

パンの カブト

BANANA CREAM
Roll
バナナ ロール

お手軽べんとうのうまさ
東京堂特製
ホット ドッグ

ハムサンド

よつわり

119

도쿄도 내 정취 있는 빵집 탐방

취재·글 / 가리베 야마모토

추억의 빵을 찾아서

롤카스텔라 로루카스텔라 ロールカステラ
카스텔라 자체가 단 편이다. 촉촉함과 어우러져 아이들이 무척 좋아할 법한 맛이다.

시베리아 시베리아 シベリア
카스텔라는 부드럽고, 양갱도 촉촉하게 반죽한 하드 타입. 살짝 달달해서 간식으로 딱이다.

달걀빵 타마고빵 玉子パン
노포 빵집에서는 기본 빵 중 하나. 쿠키 같은 단단한 빵과 독특한 단맛에 중독된다.

단팥빵 앙빵 アンパン
고운팥앙금의 보드라운 결과 고급스러운 달콤함이 마치 화과자 같다. 전국에서 주문이 들어올 만하다.

기타센주

마루기쿠베이커리 マルギクベーカリー

상점가에 있는 개인 빵집도 상당수 보기 어려워졌지만, 여전히 건재한 가게도 찾아보면 있다. 마루기쿠베이커리는 창업한 지 70년이 넘은 노포. 쇼와시대의 분위기를 자아내는 점포가 곳곳에 위치한 아다치구 기타센주에 가게가 있다. 커다란 창 너머로 보이는 빵들의 라인업은 특정 세대에게 향수를 불러일으키는 구성이다. 양과자도 팔고 있는데, 쌉쌀한 캐러멜에 단단한 푸딩 등 예스러운 제품도 있다. 쇼와시대 레트로 빵 백화점 같은 가게를 체감하러 방문할 가치가 있다!

120

크림빵 쿠리무빵
クリームパン

(위)빵 안에는 진한 커스터드가 들었다. (오른쪽)남자들이 좋아하는 튀김을 넣은 반찬빵도 충실하다. 든든하게 배가 찬다!

가게의 명물은 저녁이 되면 구워져 나오는 아마쇼쿠. 버석하지 않은 절묘한 촉촉함이 아주 희귀한 제품!

아마쇼쿠 아마쇼쿠
甘食

프라이드치킨 후라이도치킨
フライドチキン

선롤오미야 サンロールオオミヤ

기타구 아카바네의 술집 거리를 빠져나가면 창업 100년 된 노포 선롤오미야가 있다. 아카바네역을 끼고 동쪽 출구인 현재 장소로 이전하고 나서도 60년 이상 지났다. 아카바네 '빵집의 별'로서 실로 미더운 존재다.

새우가스샌드 에비카츠산도
えびカツサンド

부드러운 식감의 콧페빵에 새우가스를 샌드한. 순한 맛의 빵과 묵직한 새우가스의 의외의 조화가 매력적이다.

피넛초코 피낫츠초코
ピーナッツチョコ

(위)땅콩크림을 채우고 초코를 끼얹었다. (왼쪽)커다란 양갱이 들어간 시베리아는 단맛을 줄였다.

곰사브레 쿠마사브레
熊サブレ

인생의 대선배가 만드는 빵은 맛이나 모양의 정겨움은 물론이고, 곰사브레처럼 귀여움도 넘친다.

시베리아 시베리아
シベリア

시미즈야 しみずや

JR주오선을 지나는 지역 중에서도 세련된 이미지가 강한 니시오기쿠보. 역 북쪽 출구에서 이어지는 상점가를 지나면 '그야말로 쇼와시대'인 빵집이 있다. 창업 53년째인 시미즈야다. 아담한 유리 쇼케이스에는 자그마한 콧페빵도 있다.

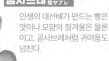

121

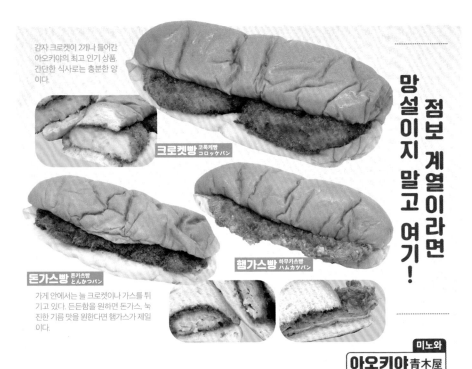

감자 크로켓이 2개나 들어간 아오키야의 최고 인기 상품. 간단한 식사로는 충분한 양이다.

크로켓빵 코록케빵 コロッケパン

돈가스빵 돈카츠빵 とんかつパン

햄가스빵 하무카츠빵 ハムカツパン

가게 안에서는 늘 크로켓이나 가스를 튀기고 있다. 든든함을 원하면 돈가스, 녹진한 기름 맛을 원한다면 햄가스가 제일이다.

점보 계열이라면 망설이지 말고 여기!

미노와

아오키야 青木屋

위는 현재, 오른쪽은 2015년 방문했을 때의 외관이다. 언제 찾아가도 예스러운 정취를 남겨둔 모습도 매력적이다.

'든든한 계열의 점보 빵'이라고 하면 가장 먼저 머리에 떠오르는 곳이 아오키야다. 도쿄의 유일한 노면전차 도덴아라카와선의 종착역인 미노와. 다운타운의 운치가 짙게 남은 활기 넘치는 상점가 '조이풀 미노와'를 가로지르면 주택가를 벗어난 대로에 '점보빵'이라고 쓰인 간판이 나타난다. 창업은 1957년. 반찬 전문점에서 시작해 빵을 취급하게 된 후, 반찬과 빵을 접목한 점보빵이 탄생했다. 큼지막한 콧페빵에 갓 튀긴 뜨거운 튀김을 끼워 비닐 봉투에 넣으면, 봉투 안은 순식간에 수증기로 하얘지고 빵은 쪄지는 상태가 된다. 이것이 가장 중요한 포인트다. 수분을 많이 머금게 되면서 콧페빵은 더욱 달콤해지고, 튀김의 기름과 약간 매콤한 소스가 빵에 확실히 스며든다. 그러면서도 튀김이 눅눅해지지 않는 점이 신기하다.

'원조 콧페빵'인 피 넛. 빵 자체만으로 충분히 맛있지만, 잼이나 크림도 어울 린다.

元祖 コッペパン
大正6年創業 丸十製パン

원조콧페빵 간소콤페빵
元祖コッペパン

노자와나오야키 노자와나오야키
野沢菜おやき

빵의 저력으로 내용물 의 장점도 돋보인다.

カレーパン

정말 맛있는 마루주카레빵 코쿠우마루주카레빵
コク旨マルジューカレーパン

나스고요란 크림빵 나스고란노쿠리무빵
那須御養卵の クリームパン

소금버터롤 시오바타루루
塩バターロール

심플하지만 씹을수 록 짠맛으로 인해 단맛이 강해진다.

카레나 크림도 색다른 개성 이 넘친다.

이타바시

마루주 오야마혼텐 マルジュー 大山本店

(왼쪽)갓 튀긴 카레빵은 언제나 인 기 만점이다.

あったかいパンのある街は ずうっと、住んでいたい街。

(위)나카주쿠점 개점 당시, 1951년의 사진. (오른쪽)초대 점주인 이토 마사지(중앙)의 현역 시절, 나카주쿠점.

옛날 빵의 대표 격인 콧페빵은 도쿄노 내를 숭심으로 한 체인 빵집 마루주의 창시자인 다나베 겐페이 씨가 탄 생시킨 것으로 알려진다. 다나베 씨는 미국에서 제빵을 공부하고, 귀국 후인 1913년 도쿄 우에노 구로몬초에 서 마루주빵집을 개업했다. 1919년, 육군의 식사를 담당하던 중 휴대가 편리한 콧페빵을 개발했다. 그 특징 은 뭐니 뭐니 해도 부드러움. 식빵에 버금가는 매끄러운 식감이 뛰어난데, 단순히 부드러울 뿐만 아니라 바깥 쪽이 제대로 구워져 씹는 맛과 고소함도 있다. 그 후 마루주의 본점은 스가모가 되었으며, 거기서 수련한 이 토 마사지 씨가 1951년에 이타바시구 나카주쿠로 독립했다. 현재는 오야마와 이타바시역 앞에 있는 계열점 을 포함한 점포 세 곳에서 마루주의 콧페빵을 맛볼 수 있다.

소라게 껍데기 모양의 초코 코르네도 대표적인 쇼와시대 빵. 초콜릿크림이 듬뿍 들었다.

튀김프랑크 아게후랑쿠 あげフランク

프랑크소시지에 반죽을 감싸 튀긴 튀김프랑크도 인기.

코르네 코로네 コロネ

모카롤 모카로루 モカロール

(왼쪽)은은한 커피의 풍미와 절묘한 촉촉함이 최고 (오른쪽)감자샐러드가 빵과 찰떡!

샐러드빵 사라다빵 サラダパン

여기에도 있었다! 추억을 대표하는 빵

고신즈카

마루주빵집 丸十パン店

마루주의 분점이나 파생된 가게도 많다. 스가모지조도리 상점가를 벗어난 곳에 자리한 마루주빵집은 스가모에 있던 마루주에서 독립했다. 마루주 정신과 동네 빵집의 장점이 짙게 남은, 창업한 지 약 70년 된 노포다.

치즈도그 치즈독구 チーズドッグ

와플을 닮은 빵 안에 치즈가 들어갔다. 핫케이크 같은 식감과 달콤함에 치즈의 짭짤함!

야키소바 야키소바 焼きそば

고운팥앙금빵 코시앙빵 こしあんパン

야키소바빵에 단팥빵 등 보기만 해도 먹고 싶어지는 대표적인 빵들이 잔뜩 진열돼 있다.

네리마

마루주베이커리 丸十ベーカリー

네리마역에서 출발하는 노선버스 안에서, 간나나를 지나 육차로 귀퉁이에 쇼와시대 분위기의 빵집을 발견. 이곳 마루주베이커리에서는 종업원이 쇼케이스 안에서 빵을 꺼내주는, 예스러운 판매 스타일을 지키고 있다. 창업한 지 70년이 넘었다.

4부
한결같은 맛에 색다른 종류까지! 대표 빵

메이지시대 초기에 탄생한 단팥빵을 시작으로 잼빵이나 크림빵, 멜론빵, 카레빵에 야키소바빵 등 일본에서 독자적인 진화를 이룩해온 간식빵과 반찬빵. 예스러운 대표 빵이 있는가 하면, 조금 색다른 개성파 빵도 있다. 여기서는 일본 전국 각지에 있는 같은 이름과 종류의 빵을 모아 소개한다. 다시 한번 풍요로운 일본의 빵 문화를 실감하게 될 것이다.

맛도 양도 만점!

야키소바빵

도쿄

야키소바롤 야키소바로루 焼きそばロール
샌드위치팔러 마쓰무라

close-UP!

예로부터 변함없는 추억의 맛이 인기의 비결. 내용물도 듬뿍!

간토대지진 2년 전부터 현재와 변함없는 장소에서 영업. 이후 에도시대의 풍취가 남은 닌교초에서 맛있는 수제 빵을 만들고 있다.

탄수화물 + 탄수화물의
조합으로 부동의 인기 상품

1950년대, 도쿄의 한 빵집에서 야키소바와 콧페빵을 동시에 판매했는데, 손님이 '번거로우니까 안에 넣어달라'고 해서 만든 것이 야키소바빵의 시초라고 여겨진다.

창업한 지 실로 100년에 이르는 마쓰무라에서도 야키소바롤은 부동의 인기 상품이다. 역사도 깊어, 판매를 시작한 지도 80년 가까이 지났다고 한다. 위쪽이 아닌 옆면을 가른 콧페빵에 오리지널 야키소바를 듬뿍 채워넣었다. 양도 푸짐하고, 가격은 140엔(세금 포함)으로 무척 합리적이다. 점심시간이 지날 무렵에는 매일 거의 완판된다고 한다.

점포는 도쿄도 주오구 니혼바시 닌교초에 있으며, 스이텐구와 가까워서 외국인 관광객도 마쓰무라에 들러 야키소바롤을 비롯해 다양한 빵을 사 간다고 한다. '맨 처음 누가 만들었는지는 확실하지 않지만, 야키소바롤은 예로부터 내려온 상품'이라고 한다.

샌드위치 외에 오리지널 빵도 가득하다. 가게 안에는 널찍한 취식 공간도 있어, 그 자리에서 먹는 것도 추천한다.

야키소바에 사용하는 소스도 창업 100년 이상!

야키소바빵의 소스는 2대 점주부터 도쿄 유일의 소스 전문 제조회사 야와타야상점 제품을 사용해왔다. 1913년 창업한 노포로, 현재는 고토구 시라카와에서 제조·판매 중이며, 양식집, 오코노미야키집, 커피숍, 채소 가게 등에 수제 소스를 납품하고 있다. 이 회사의 소매용 소스는 본사 외에 인근 커피숍, 와인숍, 음식점 등에서도 구입할 수 있다.

지쿠와가 통째로 들어가 척 보기에도 임팩트 최고

지쿠와도그 ちくわドッグ

Close-UP !

10~15년 정도 전, TV에서 본 빵에 힌트를 얻어 개발했다. 지쿠와와 빵 사이에 참치마요를 샌드한, 마쓰무라의 오리지널 상품.

어른이 돼서도 역시 먹고 싶은 이 맛!

오사카 **야키소바도그** 야키소바독구 焼きそばドッグ
만푸쿠베이커리

존재감 넘치는 돼지고기와 양배추. 면은 가늘고 부드러우며, 포인트인 베니쇼가가 식욕을 돋운다.

오피스가에 점포가 있어, 많은 회사원 손님의 '점심에 제대로 식사를 하고 싶다'라는 바람을 이뤄주기 위해 개발했다. 학창 시절부터 남자는 이것!

점점 면의 양이 늘어 이렇게 돼버렸다!

교토 **야키소바빵** 야키소바빵 焼きそばパン
무기와라보시

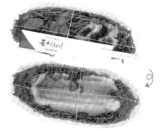

'손님들이 푸짐하게 먹었으면 좋겠다'라는 마음에서 서서히 면이 늘어, 지금은 이렇게나 많아졌다. 맛국물을 블렌딩한 소스도 맛있다.

언뜻 보기에 야키소바 도시락 같지만, 용기를 뒤집어보면 빵의 존재를 확인할 수 있다.

오사카 **태국풍 야키소바빵** 타이후야키소바빵 タイ風焼きそばパン
ROUTE271

남국의 향이 식욕을 돋우는 맵싸한 빵!

면은 잘 붇지 않고, 돼지고기는 식어도 딱딱해지지 않는 목심을 사용했다. 하나하나 섬세하게 공들였다.

'여름에도 잘 팔리는 빵'을 만들기 위해 남쪽 나라 태국의 맛을 도입했다. 맵싸한 태국풍 야키소바인 팟타이를 살짝 달콤한 빵에 채워넣은 일품.

사각야키소바빵 시카쿠이야키소바빵
四角い焼きそばパン

무라카미베이커리

데굴데굴 귀여워!
작아서 여성에게 인기!!

점주인 무라카미 씨가 잠자리에서 떠올린 아이디어를 상품화했다. 손바닥 사이즈의 네모난 빵 안에 야키소바를 감추듯 넣고, 오븐에서 구워냈다.

히로시마현 다케하라시에서 1950년대부터 학교급식 빵을 중심으로 납품을 하다, 2010년부터 무라카미베이커리란 이름을 달고 점포 판매를 시작했다.

야키소바빵 야키소바빵
ヤキソバパン

바소키야

점심엔 이거 하나로
배부르게!

후쿠오카에 본점을 둔 야키소바 전문점 바소키야가 만반의 준비를 해서 세상에 선보인 푸짐한 야키소바빵. 이익을 포기한 크기!

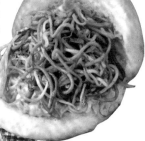

'바소키야의 야키소바로 만든 야키소바빵이 있으면 좋겠다'라는 요청을 받아들여, 2008년에 등장했다. 빵 전용 소스가 듬뿍.

약 100년 전 대발명!

도쿄

원조카레빵 간소카레빵
元祖カレーパン

카토레아

상품명은 그야말로 원조카레빵. 쇼와시대 초기에 발명된 양식 빵을 근간으로, 거듭 맛을 향상시켜 지금의 맛이 완성됐다.

매운맛을 줄여 어른부터
아이까지 큰 인기!

채소가 듬뿍 들어간 카레 필링이 빵 속에 가득 차 있어 푸짐하다!

따끈따끈한 김을 빼기 위해 봉투 입구를 연 채로 판매한다. 갓 튀긴 빵의 맛은 각별하다!

쇼와시대 초기에 탄생한
반찬빵의 킹 오브 킹!

일본 카레빵 협회에 따르면 도쿄도에 있는 메이카도(현 카토레아)의 2대 점주가 1927년에 실용신안등록한 양식 빵이 원조로 추정된다.

한편, 카레빵을 발명한 것으로 여겨지는 가게는 전국에 여럿 있다. 당시 모든 빵집이 동시다발적으로 새로운 빵을 만들어내야 한다며, 창의적인 아이디어를 짜내고 있었다. 이러한 시대 배경이 있었다고 생각하는 편이 자연스러울 것이다.

그 카토레아의 원조카레빵은 지금도 물론 건재하다. 속 재료로 당근과 양파 등의 채소를 풍부하게 넣었고, 고급 식물성 기름과 목화씨유 등으로 튀긴 덕에 더부룩하지 않은 최상의 맛으로 완성됐다. 만인에게 사랑받을 수 있도록 매운맛을 줄여, 카토레아의 간판 상품으로 하루 1천 개나 팔리고 있다.

맛을 조금 변형한 매운맛 가레빵도 본격적인 매콤함으로 인기를 얻고 있다.

1877년부터 이어져온 노포 빵집 카토레아. 수많은 상품이 진열된 가운데, 카레빵은 연일 줄을 설 정도의 인기를 자랑한다. 도쿄도 고토구의 명소다.

원조카레빵과 어깨를 나란히 하는 인기 빵들

매운맛 카레빵 카라쿠치카레빵 후口カレーパン

모두를 위한 원조에 비해 카레의 향신료와 매콤함을 더한 매운맛도 원조에 뒤지지 않는 인기다.

크림빵 쿠리무빵 クリームパン

폭신한 빵에 커스터드와 생크림을 섞은 수제 크림이 듬뿍 들어 있다.

후카가와단팥빵 후카가와앙빵 深川あんぱん

잘 이긴 도카치 지역의 고운팥 앙금에 덩굴강낭콩을 넣고, 버터 데니시로 감싸 구워냈다.

소설 『식도락』의 작가 덕에 이 이름으로

빵 반죽에 심황을 넣고, 카레에 쌀과 후쿠진즈케(무, 가지, 작두콩, 연근 등 7종의 채소를 절인 후 잘게 썰어 간장, 설탕, 맛술 등으로 절인 음식을 넣은 것이 큰 특징이다.

겐사이카레빵 겐사이카레빵 弦斎カレーパン
다카쿠제빵

『식도락』 등으로 유명한 메이지·다이쇼 시대의 소설가 무라이 겐사이가 히라쓰카에 거주하던 것과, 그가 유럽에서 유학한 뒤 귀국해 카레를 확산시킨 데서 개발·명명되었다.

야마나시

카레빵 카레빵 カレーパン
마루주야마나시제빵

소고기를 아낌없이 넣어 동글동글 고기의 식감을 즐길 수 있는 구운 카레빵. 표면에 더치브레드(표면에 금이 간 듯한 무늬가 있는 빵으로 네덜란드에서 주로 식사용 빵으로 즐겨 먹는다)의 무늬를 살림으로써 바삭바삭한 식감으로 완성되었다.

소고기의 깊은 맛을 느낄 수 있는 호사스러운 한 입!

Close-UP!

고기의 깊은 맛도 제대로 느낄 수 있어 만족스럽다. 카레는 달달하면서 매콤하고, 빵은 가벼운 식감이다.

나가사키

카레빵 카레빵 カレーパン
하치노야

맛과 전통을 자랑하는 가게 특유의 빵으로 첫입은 달콤하고, 서서히 매콤함이 퍼지는 그윽한 맛.

노포 레스토랑의 간판 메뉴가 빵으로!

1951년 창업한 나가사키 사세보시의 노포 레스토랑 하치노야. 이 가게의 간판 메뉴 중 하나인 유럽풍 카레를 도넛 반죽으로 감쌌다.

홋카이도

단샤쿠카레빵 단샤쿠카레빵 男爵カレーパン
풀만베이커리

북쪽 대지가 키운 감자카레

Close-UP!

北海道 プルマン ベーカリー

약간 매콤한 어른의 맛. 큼직한 감자는 물론 홋카이도산을 사용했다. 습관처럼 찾게 되는 맛이다.

삿포로의 유명한 가게 풀만베이커리가 백화점에서 의뢰를 받아 홋카이도산 물산전에 출점하기 위해 개발했다. 홋카이도답게 단샤쿠 감자를 넣었다.

미에

블랙카레빵 브락쿠카레빵 ブラックカレーパン
도요켄

양식의 개척자 같은 존재의 맛을 그대로 빵에!

일본 궁내청 납품업체인 양식점 도요켄의 명물 블랙카레를 쫄깃쫄깃하고 단맛이 느껴지는 반죽에 감싸 변형한 빵이다. 겉과 속이 모두 새까만 빵.

TOYOKEN SINCE 1889

마쓰자카 우지牛肉와 밀가루 등을 볶아서 완성까지 약 1개월이 걸리는 담흑색 카레 루.

현재, 미에현 쓰시에 있는 본점의 내부 모습. 1889년에 도쿄 미타 시코쿠마치에 개업한 것을 시작으로, 도쿄도에는 도쿄역 구내에 점포가 있다.

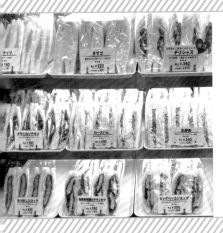

삼각샌드위치

전문점을 둘러싼 이야기

촬영 협조 / 가리베 야마토

K's 키친 K's キッチン

　내용물이 잘 보이도록 투명한 비닐에 넣은 삼각형 샌드위치. 편의점의 대표 상품이기도 하지만, 상점가 등에서 볼 수 있는 샌드위치 전문점 등의 개인 상점에서는 어떤 모습일까. 점보 사이즈의 튀김이 튀어나올 듯 꾹꾹 채워져 있거나, 개성 넘치는 재료가 들어간 것도 있다. 이러한 샌드위치 전문점의 뿌리를 조사해보니 산케이三桂라는 회사에 이르렀다.

　소재지는 도쿄도 이타바시구의 오야마. 유명한 아케이드 상점가인 해피 로드 바로 옆이다. 그러고 보니 이 상점가에 K's 키친이라는, 과거 24시간 영업하며 언제든 샌드위치를 살 수 있던 가게가 있다. 바로 그 뒤쪽에 공장을 겸한 본사가 있다는 것은…… 생각하며 회사 홈페이지를 찾아본 결과, 역시 산케이의 점포였다.

　산케이의 샌드위치는 1967년 창업 당초부터 삼각형이었다. 어떻게 커팅할 것인지 고민하다 단면이 가장 길게 보이고, 양쪽 끝은 예각으로 먹기 편하며, 가운데는 내용

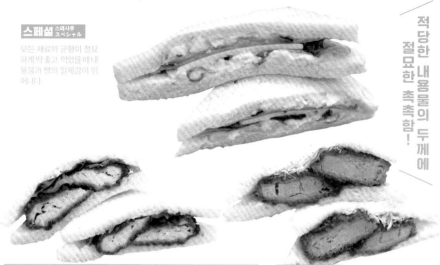

스페셜 스페샤루 スペシャル

모든 재료의 균형이 절묘하게 딱 좋고, 먹었을 때 내용물과 빵의 일체감이 뛰어나다.

적당한 내용물의 두께에 절묘한 촉촉함!

사가 아리아케도리로 만든 치킨가스 佐賀有明鶏のチキンカツ

사가현의 브랜드 닭인 아리아케도리(아리아케해에서 잡은 굴 껍데기를 넣은 사료로 키운 닭)를 사용했다. 튀김은 식었을 때 가장 맛있도록 튀겨져 있다.

히레가스 히레카츠 ヒレカツ

동글동글한 안심살이 이래도 되나 싶을 정도로 들어 있다. 식어도 부드러운 히레가스로 대만족!

추억의 크로켓 나츠카시코롯케 なつかしコロッケ

심플한 대표 샌드위치야말로 가게의 배려가 집약되어 있다. 정말 맛있다!

딜리셔스 데리샤스 デリシャス

채소는 수경재배한 무농약 양상추를 사용했다. 어떤 샌드의 빵도 다른 곳보다 커 보인다.

물을 듬뿍 넣을 수 있는 대각선 45도로 결정됐다고 한다.

당시 라인업은 감자, 달걀, 생채소, 햄, 과일, 햄가스 등의 삼각 샌드에 나폴리탄 스파게티나 야키소바롤빵샌드 정도였다. 그도 그럴 것이 껍질을 벗기지 않은 감자와 달걀을 삶고, 수제 마요네즈를 만들고, 스파게티를 익히고, 야키소바를 볶는 작업을 전부 직접 했기 때문에 작업량 면에서 그 정도가 한계였다. 그처럼 눈코 뜰 새 없이 바쁜 나날을 보내다, 창업자가 도마 앞에 서서 비몽사몽하던 중 실수로 '달걀, 오이'와 '햄, 치즈, 양상추'에 감자를 올리고 말았다. 하지만 먹어보니 맛있었다. 이리하여 탄생한 명물 스페셜 샌드는 지금도 인기 상품이다.

창업자는 당시 생소했던 샌드위치 전문점이 열심히 일하면 가족들을 먹여 살릴 수 있는 장사라고 생각해, 친족을 불러모아 모든 노하우를 전수했다.

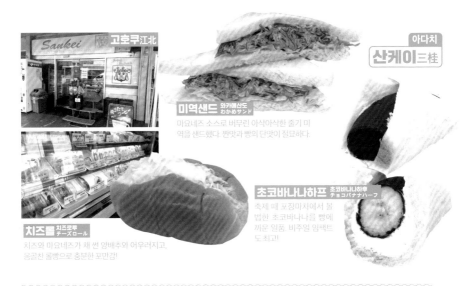

고호쿠江北

미역샌드 와카메산도 わかめサンド
마요네즈 소스로 버무린 아삭아삭한 줄기 미역을 샌드했다. 짠맛과 빵의 단맛이 절묘하다.

치즈롤 치즈로루 チーズロール
치즈와 마요네즈가 채 썬 양배추와 어우러지고, 옹골친 롤빵으로 충분한 포만감!

아다치
산케이三桂

초코바나나하프 초코바나나하후 チョコバナナハーフ
축제 때 포장마차에서 볼 법한 초코바나나를 빵에 끼운 일품. 비주얼 임팩트도 최고!

오구라양샌드 오구라앙산도 小倉アンサンド
빵과 함께 많이 달지 않은 단팥이 입안에서 삭 녹으면서 절묘한 균형감을 느끼게 한다.

콘비프샌드 콘비후산도 コンビーフサンド
짭짤한 콘비프 맛이 빵의 부드러운 단맛을 쭉 끌어올려 두말 할 것도 없이 맛있다.

치킨뱅뱅 치킨방방 チキンバンバン
닭 가슴살을 마요네즈와 라유로 버무린 속 재료. (오른쪽)가게 내부에서 밝게 웃고 있는 사람은 2대 점주다.

호키마保木間

　그사이 우연히 소문을 듣거나 가게를 소개한 TV 방송을 본 사람들이 가르침을 구하고자 몰려와 각지에 분점을 열게 되었다. 시대도 변하고 각 점포의 주인도 나이 들어감에 따라 분점을 해체해, 상호에서 '산케이'라는 이름이 빠지게 되었다. 백화점 지하 식품관에서 예부터 샌드위치를 팔고 있는 노포 메르헨도 같은 경위로 독립한 점포 중 하나다.

　아다치구에는 '산케이'라는 이름을 내건 샌드위치 가게가 두 곳 존재한다. 실은 창업자의 친족이 만든 가게로, 간나나 거리의 고호쿠릿코 근처에 있는 산케이는 창업한 지 50년이 지난 지금도 그 이름을 간직하고 있는 귀중한 산증인이다. 샌드위치뿐만 아니라 도시락에 주먹밥, 컵라면, 스낵까지 취급해 어지간한 편의점과 같다. 샌드위치 라인업도 독특해서 미역, 초코바나나, 오믈렛 같은 종류까지 있다.

채소 아사이 野菜

맛도 안 되는 두께로 썰린 토마토. 베어 물면 토마토 과즙
이 입 양쪽으로 흘러넘칠 정도다.

햄버그 함바구 ハンバーグ

주시한 토마토와 햄버그를 동시에 즐길 수 있다. 양식점 저리
가라 할 정도의 두툼한 민치가스를 충분히 맛볼 수 있다.

올스타 총출동

점보 잠보 ジャンボ

가게의 인기 메뉴가 모두 들어간 올스타 상품. 수량 한
정으로 계산대 옆에 놓인 핫도그 타입 빵이다.

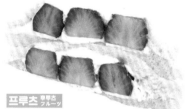

프루츠 후루츠 フルーツ

요즘 인기인 프루츠(딸기)도 알이 굵은
딸기가 이래도 부족하냐 싶을 만큼 들
어 있다.

니시닛포리
포포 ポポー

초대 점주인 아버지에서 2대째인 딸로 바통이 넘겨졌는데, 아버지도 당
분간은 가게에서 함께 샌드위치를 만든다고 한다.

　다른 한 곳은 창업한 지 45년 지난 산케이 호키마점이다. 도부선 다케노쓰카역에
서 동쪽으로 도보 20분 정도, 도로 옆 레드보한 글자로 적힌 간판이 표지이다. 샌드
위치 라인업은 정통적인 것뿐만 아니라, 초코나 블루베리 등 참신한 것들도 있다. 서
비스로 삶은 달걀을 받았는데, 꼭 나오는 것은 아니다. 손님과 점주의 우호적인 관계
가 쌓여야 비로소 성립되는 것. 동네의 개인 상점 같은 느낌이 산케이에는 지금도 살
아 숨 쉰다.

　마지막으로 필자가 최초로 만난 삼각형 샌드위치 전문점을 언급하고 싶다. 그곳
은 니시닛포리역에서 이어지는 언덕 중간에 있는 포포. 냉장 쇼케이스에 각양각
색의 샌드위치가 죽 진열된 모습이 장관으로, 단숨에 반했다. 아침부터 줄이 끊이지
않는 인기 가게로, 근처 가이세이고등학교 학생들의 배를 30년 넘게 만족시켜왔다.
거리와 함께하는 샌드위치 전문점. 앞으로도 현지 사람들을 계속해서 지탱해줄 것
이다.

메이지시대의 맛을 현재로 이어가다

주종단팥빵 사카다네앙빵
酒種あんぱん

긴자키무라야

도쿄

기무라 야스베에가 고안한
당시 레시피를 따라 150년
가까이 소중히 맛이 이어져
내려온, 유서 깊은 단팥빵.

(위)긴자키무라야의 본점. 1층은 베이
커리, 2~4층은 카페와 레스토랑이다.

(위)긴자렌가 거리에 점포를 둔 무렵의 긴자키무라야.
간판의 글자는 에도 막부 말기의 신하인 야마오카 뎃
슈의 글이다. (오른쪽)가게 홍보를 위해 진돈야(눈에 띄
는 복장을 하고 거리에서 홍보를 하는 사람)를 채용한 장면을
표현한 우키요에. 번성한 모습이 전해진다.

메이지천황의 보증 문서로
단팥빵의 인기가 급등

이야기는 메이지유신 무렵으로 거슬러 올라간다. 히타치노쿠니(현재의 이바라키현)에서 무사를 하던 기무라
야스베에는 에도시대가 막을 내리며 실직한다. 그렇게 일거리를 찾아온 에도에서 빵을 만나고, 빵집을 개업하
게 된 것이다.

두 번의 화재를 겪으면서도 긴자렌가 거리에서 세번째 문을 열었다. 그리고 당시에는 딱딱한 빵밖에 없었기 때
문에 연구를 거듭해 찾아낸 것이 주종효모였다. 쌀과 누룩, 물로 만들어진 효모를 사용한 빵은 부드럽고, 그때
까지 없던 맛이었다. 야스베에는 여기에 단팥을 넣은 주종단팥빵을 고안했다. 그 맛은 긴자에서 순식간에 평판
을 얻어, 이윽고 메이지천황에게까지 헌상되었다.

처음으로 단팥빵을 먹은 천황의 말은 "계속해서 헌상하도록".

그 발언으로 인해 단팥빵은 대중 사이에서도 더욱더 인기를 얻게 되었다.

도쿄

주종오구라
사카다네 오구라
酒種 小倉

기무라야소혼텐

이것도 메이지시대부터 내려오는 역사와 전통의 맛

전통의 주종 반죽으로 홋카이도산 팥을 사용한 통팥양금을 감쌌다. 빵 윗면에 낸 두 개의 칼집이 특징이다. 1874년 출시 당시에는 가늘고 긴 모양에 흰깨를 토핑했었다.

후쿠이

다이후쿠단팥빵
다이후쿠앙빵
大福あんぱん

유로빵키무라야

빵 안에 통째로 다이후쿠가 들어간 이유는?

친구의 어머니로부터 파리에 사는 아들에게 다이후쿠(일본식 찹쌀떡)를 보내주고 싶다는 부탁을 받은 2대 점주가 친구를 놀래주려고 다이후쿠를 빵 안에 넣어 탄생했다.

Close-UP!

파리에서 행복의 상징으로 여겨지는 브리오슈 반죽으로 다이후쿠를 통째로 감싸 구워냈다.

초대 점주가 도쿄의 기무라야에서 수련하던 중 간토대지진이 발생했고, 그 후 형이 사는 후쿠이현 사바에시로 옮겨 1927년에 개업했다.

단자와산을 형상화한
얇은 반죽의 '단팥빵'

단자와단팥빵 단자와앙빵
丹沢あんぱん

오기노빵

오기노빵이 자리한 가나가와 단자와산을 형상화해 만들어진
단자와단팥빵. 단자와산을 본떠 봉긋하게 솟아오른 모양이다.

촉촉한 식감의 얇은 빵에는 홋카이도산 밀
기타호나미를 사용했다. 앙금의 맛은 12종
류에 이른다.

지바

야부레단팥빵 야부레앙빵
やぶれあんぱん

마롱드

앙금의 양도 서서히 늘려 현재
는 230g이나 된다. 직접 만든
일본산 앙금이 묵직하게 채워
져 있다.

한계까지 앙금을
넣은 호사스러운 일품

1990년 당시 점장이 단팥빵 반죽 45g
에 앙금을 몇 그램 넣을 수 있는지 도
전했고, 이것이 고객으로부터 호평을
받아 상품화되었다.

지바

특제단팥빵 톡세앙빵
特製あんぱん

다테야마나카무라야

옛날 제조법으로 빚어낸
빵과 수제 앙금

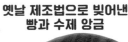

쇼와시대 초기, 피서지인 다테야마에 여름
에만 노점으로 운영하던 나카무라야가 현지
에 점포를 내며 창업했다.

1973년, 새로 지은 가게의 완공을 기념하여 특별히 큰 단팥빵을 발매한
것이 계기가 되었다. 수제 통팥앙금은 홋카이도산 팥을 사용했다.

사쿠라단팥빵 사쿠라앙빵
桜あんぱん

나카다노빵

빵인데 만주로
불리는 이유는 앙금의 양

쌀누룩을 사용한 빵에 질 좋은 고운팥앙금을 듬뿍 넣어 감쌌다. 그 앙금의 양은 손님이 "사쿠라만주 주세요"라고 할 정도

빵 봉지 안에는 벚나무 잎이 들어 있어, 봉투를 열면 벚꽃 향기가 확 피어오른다.

메이지시대부터 만들어온
북쪽 노포 빵

쓰키사무단팥빵 츠키사무앙빵
月寒あんぱん

쓰키사무앙빵혼포

1874년, 육군에 과자를 판매하던 오누마 간자부로 씨에게 지도를 받아, 창업자 혼마 요사부로 씨가 쓰키사무무라에서 제조·판매를 한 것이 시작이다.

월병 스타일 만주로, 상온에서 90일이라는 긴 상미기한 덕에 보존식으로도 좋다.

해리스 씨의 우유단팥빵 하리스상노규뉴앙빵
ハリスさんの牛乳あんパン

히라이제과

사랑스러운 버섯 모양이
특징인 단팥빵

에도시대, 초대 미국 영사인 타운젠트 해리스 씨가 일본에서 처음으로 시모타에서 우유를 마셨다는 역사적 사실에 빗대어 탄생했다. 빵 반죽에 우유를 넣었다.

입안에서 녹는 맛이 깔끔한 고운 팥앙금과 프레시버터의 풍미. 연간 24만 개 이상 판매되는, 화과자 가게에서 만든 단팥빵이다.

살구잼이 원조

잼빵

잼빵 자무빵 ジャムパン

기무라야소혼텐

오리지널 살구잼이 들어간, 감 씨앗 모양의 추억의 수제빵. 부드러운 빵과 잼의 절묘한 균형이 돋보인다.

도쿄 | **잼빵** 자무빵 ジャムパン

긴자 쓰키토하나

소재의 풍미, 신맛을 소중히 한 어른의 맛

긴자의 노포에서 5년이란 세월에 걸쳐 개발한 어른의 잼빵. 프랑스빵에 일본산 과일 잼을 듬뿍 넣었다. 연간 약 60종류를 판매하고 있다.

나라 | **잼빵** 자무빵 ジャムパン

오쿠무라베이커리

기본에 충실한 잼빵의 왕도

일본 국내에서 제조한 딸기잼을 넣은 잼빵. 추억의 빵 봉지처럼 소박한 맛이다.

타원형의 잼빵은 기무라야가 기원!

일본 빵집의 시초인 기무라야. 기무라야의 3대 점주인 기시로 씨가 일본 육군 주도로 세워졌던 비스킷 공장 설립 계획에 참여했을 때의 일이다.

비스킷 반죽에 잼을 끼워 굽는 작업을 보고는, 이미 큰 인기를 끌고 있던 주종단팥빵 생지에 잼을 채워넣기로 했다. 당시에는 딸기가 귀해서 구하기 쉽지 않아 살구잼을 대신 넣었더니 순식간에 높은 평판을 얻었다. 1900년의 일이다. 이것이 전국에 파급되는 가운데 이윽고 딸기잼이 주류가 되어갔으나, 본점과 직영점은 지금도 살구잼이 기본이다. 참고로 기무라야에서는 단팥빵과 구별하기 위해 '단팥빵은 원형, 잼빵은 타원형'이 되었다고 한다.

이것이 기원이 되어 지금도 잼빵이라고 하면 타원형이 대표적이다.

오카야마

삼각잼빵 상카쿠자무빵
三角ジャムパン

돈구

Close-UP!

진하고 달콤한 잼이 들어 있는 삼각형 빵

달콤한 딸기잼을 채워넣은 두툼한 빵이 두 장 들었다. 양도 차고 넘친다!

창업 90년 이상을 자랑하는 노포 빵집에서 창업 때부터 이어져온 롱셀러. 표면이 소보로 상태인 정방형의 빵을 잘라, 먹기 좋게 삼각형으로 만들었다.

도쿄

아마미오시마의 자두잼과 산겐돈 가스샌드
아마미오시마노 스모모자무토 상겐돈노 카츠산도　奄美大島のすももジャムと三元豚のカツサンド

후지노키

가게에서는 '잼가스'로 진짜 이름은······

정식 명칭은 '아마미오시마의 자두잼과 산겐돈 가스샌드'. 돈가스의 기름기를 자두잼으로 누그러뜨려, 단맛과 신맛이 어우러진다.

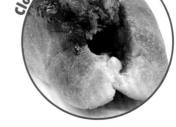

Close-UP!

카레빵 등의 대표 상품이 인기를 누리는 한편, 새로운 메뉴를 차례차례 개발하고 있다.

가스샌드에 색다른 맛을 더하고자 모색하던 중, 종업원이 가져온 기념품 잼을 넣음으로써 탄생했다. 빵에는 소스와 마요네즈도 발려 있어, 잼과 절묘하게 매치된다.

쇼와시대 초기부터 변함없는 맛

나가노

튀김빵

튀김빵 아게빵 アゲパン
다이호빵

1931년 창업 이래, 가장 인기 있는 튀김빵. 찰기 있는 쫄깃한 식감의 빵 안에 고운팥앙금을 넣고 기름에 튀긴 후 설탕을 묻힌 일품이다.

당시 밀가루를 납품하던 닛신제분과 협력하여 반죽을 개발했다. 반죽은 그때 배합 그대로 만들고, 빵 안에는 현지에서 유명한 앙금 제조소의 앙금을 듬뿍 넣었다.

나가노현 구 이이다 시내의 린고나미키에 세워진 빵집이다. 아침 7시 반부터 문을 열어, 출근 전에 들러 갓 구운 빵을 사는 사람도 많다.

콩고물의 고급스러운 향 추억의 맛

콩고물튀김빵 키나코아게빵 きな粉あげぱん
오후빵나가와

사가

선대가 여행지에서 본 콩고물빵에 힌트를 얻어 개발했다. 스트레이트법(처음부터 모든 재료를 넣고 반죽해 발효시킨 후 굽는 가장 기본적인 제빵법)으로 반죽한 빵을 하룻밤 재워 결이 치밀해지도록 완성했다.

학교를 쉰 아이를 위해서
급식 조리사가 고안

미국에서 제빵을 배우고 돌아와 1913년에 도쿄 시타야쿠로몬초에 식빵 제조공장을 세운 다나베 겐페이 씨가 탄생시킨 것으로 알려진 콧페빵.

제2차 세계대전 후 급식으로 나오면서 전국에 보급된 콧페빵을, 기름에 튀겨 설탕으로 맛을 낸 것이 튀김빵이다. 1952년, 병으로 학교를 쉰 아이를 위해 '시간이 지나 딱딱해져버린 빵을 맛있게 먹을 수 있도록' 도쿄도 오타구의 초등학교에 근무하던 조리사 시노하라 쓰네키치 씨가 튀김빵을 고안한 것으로 추정된다.

기름에 튀긴 후 빵 표면이 마르는 것을 막기 위해 설탕을 묻히면, 서걱하고 식감이 좋은 튀김빵이 완성된다. 학교급식 경연대회에서 우승한 경험도 있는 시노하라 씨라서 가능했던, 아이들을 향한 따뜻한 마음과 아이디어에서 탄생한 빵이다. 그 이후, 튀김빵은 급식의 인기 메뉴로 정착했다.

금상 수상으로 인기 폭발!
갓 튀긴 빵을 드셔보세요

튀김빵 아게빵 アゲパン
오기노빵

가나
가와

2010년에 가나가와현 B급 먹거리 대회에서 가나
가와 푸드 배틀 금상을 수상한 튀김빵. 갓 튀긴 빵
의 판매를 고집하고 있다.

오기노빵의

맛있는 '튀김빵'이 완성되기까지

엄정하게 품질 관리된 특제 콧페빵을 사용한다.

질 좋은 기름에 콧페빵을 투입한다.

서서히 먹음직스러운 색이 되어가는 빵들.

누릇한 연갈색으로 튀거지면,

빵 전체를 천천히 튀기기 위해 가라앉힌다.

아낌없이 설탕을 듬뿍 묻힌다.

완성!

앙금 대신 크림을

도쿄

원조크림빵 간소쿠리무빵 元祖クリームパン

신주쿠나카무라야

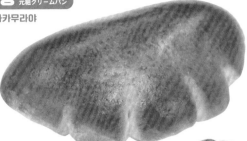

달걀 풍미가 깊고 부드러워 입에 닿는 촉감이 좋은, 진한 노란색의 커스터드크림을 사용했다. 고급스러움이 넘치는 원조만의 맛이다.

개발 당시의 크림빵에는 칼집이 없었다.

구매한 사람이 손해 봤다고 느끼지 않도록, 칼집을 넣어 내부의 빈 공간을 없앴다.

현재 점포 '스위츠 & 델리카 Bonna' 입구.

(위)1901년, 도쿄대학 정문 앞에 창업했다. (왼쪽)1909년, 신주쿠의 현재 자리로 이전했다. 이곳을 본점으로 본다.

크림빵의 원조는 이곳
신주쿠나카무라야에서 시작됐다

일본의 3대 간식빵이라고 하면 단팥빵, 잼빵, 크림빵이다. 단팥빵은 긴자키무라야, 잼빵은 기무라야소혼텐이 발명했다. 크림빵의 원조는 이곳, 신주쿠나카무라야다.

메이지시대가 끝나갈 무렵, 창업자인 소마 아이조와 소마 곳코 부부는 처음으로 슈크림을 먹고 그 맛에 감동한다. 두 사람은 커스터드크림을 단팥빵에 앙금 대신 넣으면 분명 맛있을 거라고 생각했다. 또한, 유제품을 사용한 크림은 영양가 면에서도 아이들에게 좋을 거라고 판단했다고 한다.

1904년, 서둘러 만들어 가게에 내놓은 크림빵이 대호평을 얻었다.

출시 당시에는 반달 모양이었으나 제2차 세계대전 후, 안에 빈 공간이 생기지 않도록 공기를 빼기 위해 칼집을 넣었다. 그 결과, 빵의 모양이 지금과 같은 글러브 형태가 된 것이다.

에히메

크림빵
쿠리무빵
クリームパン

미쓰바야

보존료는 일절 넣지 않은
옛날 그대로의 수제 빵

1950년 창업 이래, 변함없는 맛을 제공해온 크림빵. 가능한
한 슈크림에 가까운 맛을 추구해 만들어졌다.

커스터드크림은 설탕, 물, 우유, 달걀으로만 만들어졌다.
보존료 등은 일절 사용하지 않은, 무첨가 수제 빵이다.

귀여운 빵 봉지에는 '천황 부
부가 드시는 영예' '명예 부총
재상 수상' 등 화려한 이력이
쓰여 있다.

에히메현 마쓰야마시, 미나
미긴텐가이에 쇼와시대의
분위기를 그대로 간직한 빵
집이다. 빵을 고르면 점원이
꺼내주는 방식으로 판매하
고 있으며, 재료와 제조법에
공들인 빵들이 진열돼 있다.

147

크림빵 쿠리무빵 クリームパン

히로시마

핫텐도

차게 해서 먹는 디저트 감각의 인기 빵

'빵, 디저트, 기념품'을 콘셉트로 시제품을 거듭하고, 양과자의 기법도 채용함으로써 완성된 차갑게 먹는 크림빵.

2008년 출시 이래, 줄을 서야 살 수 있는 크림빵으로 일약 유명세를 얻었다. 폭신하고 부드러운 빵에 입에서 살살 녹는 크림이 듬뿍. 온라인 판매도 한다.

오쿠쿠지란의 걸쭉한 크림빵

이바라키

오쿠쿠지란노 토로리쿠리무빵 奥久慈卵のとろ〜りクリームパン

빵공방구루구루

흘러넘칠 정도로 크림이 가득!

명실공히 걸쭉한 크림빵을 목표로 2011년에 완성됐다. 지역 크림빵으로 이바라키 기념품 대상을 수상했다.

이바라키현산 밀을 100% 사용한 빵에 오쿠쿠지란과 지역 우유를 사용한 커스터드크림이 아낌없이 들어 있다.

이바라키현 내에 두 군데 점포가 있다. 지역 식재료를 고집한 크림빵은 전국 기념품 연맹 추천 장려품이다.

가가와

우시오지노크림빵 우시오지노쿠리무빵
うしおじのクリームパン

오야마목장 우시오지상

신선한 우유를 생산하는
목장만의 맛

무첨가로 몸에 좋은 빵을
만들겠다는 점주의 마음이
탄생시킨 하얗고 폭신폭신
하고 부드러운 빵.

Close-UP!

차게 해도 냄새가 안나, 첨
가물을 사용할 필요도 없
는 희소당(천연 상태로는 극
히 미량만 존재하는 단당으로
알룰로스, 자일리톨, 에리스리
톨 등이 있다)을 사용했다.
목장이라서 가능한 맛 좋
은 커스터드크림이 2종류
들어 있다.

도쿠시마

크림빵 쿠리무빵
クリームパン

후지무라베이커리

마치 음료 같은
식감의 부드러운 빵

Close-UP!

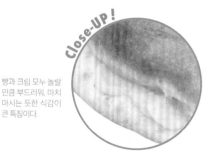

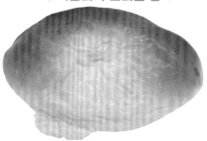

빵과 크림 모두 놀랄
만큼 부드러워, 마치
마시는 듯한 식감이
큰 특징이다.

점장이 제빵 솜씨를 연마하던 빵집 백하우스나쓰키에서 전수받은
인기 상품이다. 직접 만든 커스터드가 듬뿍 들어 있다.

폭신한 빵에 액체가 되기 직전과도 같은 부드러운 커스터드. 디저트를 떠올리게 하는
행복한 맛이다.

맛도 모양도 다양하게 진화

(군마) **카리카리멜론빵** 카리카리메론빵
カリカリメロンパン

군이치빵

군이치빵에서는 2000년대 초반에
초레이 멜론빵을 개량한 카리카리멜
론빵을 출시했다. 일본 전국 지역 빵
축제에서 동상을 수상했다.

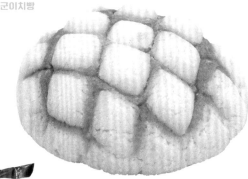

'맛 무중력, 입에서 부드럽게 녹는 제조법'이란 글자
그대로 빵은 폭신폭신하다. 멜론빵 반죽은 기계가
아닌 제빵사가 직접 성형했다.

기원에 관해서는 여러 설이 있으나,
맛있다는 것만은 분명하다

빵 반죽 위에 달콤한 비스킷 반죽을 올려 구워낸 멜론빵.
그 기원은 쇼와시대 초기 고베 빵집 긴세이도가 출시한, 표면에 갈라진 무늬가 들어간 둥근 형태의 빵으로 보
는 설이 유력하다.
또 미국을 경유해 들어온 멕시코의 콘차라는 달콤한 빵이 기원이라는 설이나, 아르메니아 출신의 데이코쿠호
텔 제빵사가 프랑스의 구움과자인 갈레트와 러시아의 전통 빵 제조법을 조합해 만들어냈다는 설 등 멜론빵의
기원에 관해서는 다양한 설이 있다. 멜론이 들어 있지 않은데 멜론빵이라고 불리는 이유에 대해서도 구워진 모
양이 머스크멜론과 비슷하다거나 머랭빵이 변해 멜론빵이 됐다는 설, 럭비볼 같은 모양이 참외를 닮았다는 데
서 멜론빵이라고 이름 붙였다는 설까지 있다.
같은 이름이라도 맛이나 모양 등 종류가 다양한 것 또한 멜론빵의 큰 매력이다.

오카빵의 멜론빵

오카빵노예론빵
岡パンのメロンパン

오카다제빵

처음에는 멜론빵이 아니었다는 게 사실!?

1970년대 후반, 치즈크림이 들어간 신제품을 출시했다. 이 제품을 신 손님이 다음에 왔을 때, "멜론빵 주세요"라고 말한 데서 '멜론빵' 봉지 에 넣은 결과 호평을 얻게 되었다.

출시 초기에 구입한 손님이 모양을 보고 멜론빵이라 단정한 데서 이름이 붙었다.

옛날 그대로의 제조법을 고집한 아마쇼쿠나 식빵러스크도 인기 다. 1947년 창업으로, 정취 있는 간판과 긴 노렌(일본 가게에서 입구 앞에 늘어뜨려 간판 역할을 하는 기림막)이 특징인 노포다.

멜론빵이지만 오카야마에서는 다르게 부른다?

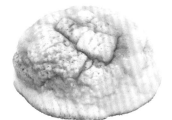

생긴 게 닮았다는 데서 솔방울이 되었다. 오카야마현에서는 멜론빵보다 이 이름이 유명하다나.

솔방울 츠마카사 松かさ ^{오카야마}
돈구

돈구의 인기 빵 솔방울. 잼빵과 같은 레트로한 봉지에 넣어 판매한다.

---

^{구마모토} ### 멜론빵 메론빵 メロンパン
만코도

구마모토 노포 빵집의 간판 빵은 추억의 맛

1960년대 어린아이부터 어르신까지 먹을 수 있는 빵으로 탄생했다. 독자적인 제조법으로 겉은 바삭, 속은 부드러운 식감.

천천히 시간을 들여 구워낸 멜론빵은 가게의 간판 상품이다. 안에 들어가는 크림의 종류도 다양하다.

Close-UP!

소박한 단맛으로 인기다. 표면의 자금자금한 설탕의 식감도 포인트가 되어준다.

소박한 달콤함으로 '스위트'라는 이름이

스위트 스이토 スイート ^{와카야마}
나카타제빵

1903년에 창업했다는 노포 '나카타' 빵의 대표 멜론빵이다. 그 이름대로 달콤한 맛이 매력이다. 온라인몰에서도 구입할 수 있다.

효고

백앙금을 넣은 멜론빵 <small>시로앙이리메론빵
白あん入りメロンパン</small>

니시카와식품

백앙금이 들어간
고베의 정통파 멜론빵

고베에서 탄생한, 옛날 그대로의 백앙금이 들어간 멜론빵이다. 백앙금을 감싼 빵 위에 일본산 버터 풍미가 가득한 비스킷 반죽을 올렸다.

안에 들어간 백앙금의 고급스러운 달콤함을 끌어올리기 위해 빵의 단맛을 억제해 완성한, 가게가 자랑하는 메뉴다.

이것이 유서 깊은 모양의
서일본풍 멜론빵

1936년 창업한 구레시의 노포. 서일본풍 멜론빵 안에 녹인 초코가 들어간 나나빵도 인기다.

멜론빵 <small>메론빵
メロンパン</small>

히로시마

멜론빵

멜론빵 안에는 과거 멜론이라고 불린 참외 과육을 흉내 낸 수제 크림이 듬뿍 들어갔다. 창업 이래 변함없는 제조법이다.

효고

원조멜론빵 <small>간소메론빵
元祖メロンパン</small>

오아시스

백앙금과 촉촉한 빵의
절묘한 균형!

전통 제소법에 의해 촉촉한 빵이 특징이다. 간식빵 부문에서 매출이 늘 1, 2위라는 인기 빵.

고베에서 시작된 럭비볼 모양의 멜론빵. 안에 들어간 백앙금은 고베의 지하수를 사용한 고급스러운 맛이다. 빵과의 균형도 절묘하다.

커스터드크림과
바삭바삭한 식감으로 큰 인기

멜론빵 메론빵 メロンパン 미야기

이시야이야

1928년 창업한 노포. 2대 점주가 자신이 수련하던 빵집에서 배운 멜론빵을 변형해 만들었다. 1954년 출시 이래 큰 인기를 얻고 있다.

커스터드크림을 넣고, 표면에는 녹인 버터로 설탕이나 달걀을 소보로 상태로 만들어 올렸다.

이바라키

궁극의 멜론빵 큐쿄쿠노메론빵 究極のメロンパン

빵공방파리나

현지산 멜론을
아낌없이 빵에 넣었다

선대 점주가 일본에서 생산량이 가장 많은 이바라키현산 멜론에 주목해 완성했다. 싱싱한 맛이 특징인 퀸시멜론을 반죽에 넣은 멜론빵이다.

멜론 향이 풍부한 부드러운 식감의 빵에 순한 단맛의 커스터드크림. 마치 케이크 같다!

하기 여름귤 멜론빵 하기나츠미캉메론빵 萩夏みかんメロンパン 야마구치

쇼게쓰도제빵

현지 야마구치현산 밀을 100%
사용한 공들인 일품

역사 있는 하기의 여름귤을 테마로 만든 빵을 기간 한정으로 판매한 겻과, 그중에서도 가장 평판이 좋았던 것이 멜론빵이었다. 그 빵을 개량해 일반 판매 상품으로 출시했다.

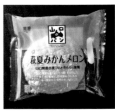

쿠키 반죽 안에 하기산 여름귤을 넣었다. 표면에 붙은 껄슈가의 아삭아삭한 식감도 재미있다.

HANAPAN

高級パン

菓子パン

155

전쟁이 끝나고 재발매된
군인들의 꿈의 맛

후쿠이

구로가네카타빵 쿠로가네카타빵 くろがね堅パン ①
스피나

후쿠오카

군대카타빵 군타이카타빵 軍隊堅麺麭 ②
(군대카타빵)
유로빵기무라야

1848년부터
전해오는 소박한 맛

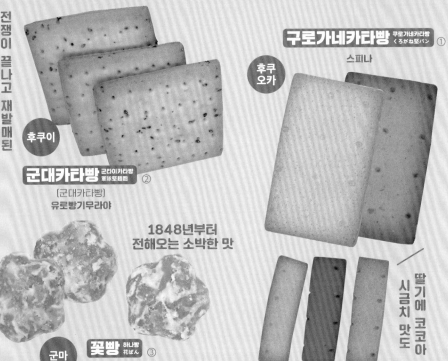

딸기에 코코아 시금치 맛도

꽃빵 하나빵 花ぱん ③
고마쓰야

군마

칼럼 ❹

'빵'이라고 불리는 현지 과자

①

②

일본 전국 각지에 전해오는 가타빵(딱딱한 빵)은 오래는 에도시대부터 메이지시대, 다이쇼시대에 탄생한 것이 많다. 현재와 같이 부드러운 빵을 만드는 기술과 재료가 없던 시절, 당시의 제빵사들이 지혜를 짜내 탄생시킨 맛은 지금도 전해 내려오고 있다.

다이쇼시대의 관영 하치만제철소(현재 닛폰제철)에서 노동자들의 칼로리 보급을 목적으로 탄생했다. 정미할 때 나오는 영양가 높은 배아를 활용해 구워서 굳힌 것이 시작이다. 현재는 보존식이나 영유아의 치아를 단단하게 만드는 용도로 판매되고 있다.

기원이 러일전쟁이라고 알려진 이 가타빵은 대동아전쟁 중 사바에에 있던 육군 보병 제36연대의 지정을 받아 행군용으로 제조되던 것을 전쟁이 끝난 후 복원한 것이다. 참깨 향이 좋은 이 가타빵은 현재 '일본에서 가장 딱딱한 빵'으로 불리고 있다.

메이지시대부터 이어져온 맛

미에 **야키빵** 야키빵 焼きパン ④
시마지야모치텐

손으로 굽는 장인의 기술
지금도 한 장 한 장

후쿠이 **가타빵** 카타빵 かたパン ⑤
다루마야

③

④

⑤

군마현 기류시에 있는 기류덴만구(학문의 신인 '덴진'을 모시는 곳)의 문장紋章인 매화 문양을 본뜬 것으로, 이름은 하나'빵'이지만 구움과자다. 1848년 당시에는 귀했던 달걀, 밀가루, 설탕으로 만들어진 소박한 맛이 현재로 이어져 내려오고 있다.

메이지시대에는 신탄점(연료 가게)이었던 시마지야가 야키빵을 사들여 판매하다가, 제조업체가 폐업하면서 제조법을 전수받아 자사에서 만들게 되었다. 제2차 세계대전이 일어나기 전, 초등학교에서 배급되었던 터라 어르신들에게는 추억의 맛이다.

밀가루, 설탕, 소금과 더불어 마가린이나 땅콩을 더한 종류도 있는 가타빵. 이가우에노의 가타야키가 기원으로 여겨지며, 제2차 세계대전 후 얼마 지나지 않은 창업 때부터 이어져오고 있다. 옛날 그대로의 제조법으로 지금도 한 장 한 장 직접 굽고 있다.

이 책에서 소개한 빵을 도도부현, 가게·제조업체별로 정리했습니다. '빵을 살 수 있는 장소'는 직영·직판장을 비롯해 일반 소매점 등의 정보도 가능한 범위에서 집약했습니다. 이 밖에도 전국 각지의 특판이나 온라인몰 등에서 판매하는 경우도 있습니다. 정보는 2022년 5월 기준입니다. (지역명은 가나다순)

	가게·제조업체명	소개한 빵(쪽수)	구글맵 검색어	빵을 살 수 있는 곳
가가와 香川	오야마목장 우시오지상 大山牧場 うしおじさん	우시오지노크림빵(149)	Ushi Ojisan	さぬき市大川町冨田西224 224 Okawamachi Tomidanishi, Sanuki, Kagawa
가고시마 鹿児島	이케다빵 イケダパン	신콤3호(42), 스낵 브레드(55)	Kagoshima Ikedapan	가고시마·미야자키현을 중심으로 한 규슈 지방의 슈퍼·편의점 등
가나가와 神奈川	기타하라제빵소 北原製パン所	감자칩샌드(25)		横須賀市追浜本町1-3 1-3 Oppamahoncho, Yokosuka, Kanagawa
	나카이빵집 中井パン店	감자칩빵(24)	Miharucho Nakai Bakery	横須賀市三春町1-20-4 1-20-4 Miharucho, Yokosuka, Kanagawa
	다카쿠제빵 高久製パン	겐사이카레빵(132)	Champagne Bakery Sakuragaoka	平塚市桜ヶ丘4-46 4-46 Sakuragaoka, Hiratsuka, Kanagawa (シャンパン☆ベーカリーChampagne☆Bakery Kanagawa)
	오기노빵 オギノパン	단자와단팥빵(140), 튀김빵(145)	Oginopan Midori	본사 공장 직판점: 相模原市緑区長竹2841 2841 Nagatake, Midori Ward, Sagamihara, Kanagawa / 가나가와현 내 지점
	와카후지베이커리 ワカフジベーカリー	감자칩빵(25)	WAKAFUJI bakery	横須賀市舟倉1-15-8 1-15-8 Funagura, Yokosuka, Kanagawa (Coaska Bayside Stores, Wakuwaku Plaza)
	요코스카베이커리 ヨコスカベーカリー	요코스카감자칩(25)	Yokosuka Bakery	横須賀市若松町3-11 3-11 Wakamatsucho, Yokosuka, Kanagawa
	코티베이커리 コティベーカリー	시베리아(93)	Coty bakery	横浜市中区花咲町2-63 2-63 Hanasakicho, Naka Ward, Yokohama, Kanagawa
고치 高知	나가노아사히도 永野旭堂	모자빵(14), 니코니코빵·콤비·마블 초코버터·초코멜론(106)	인스타그램 @rinbell.naganoasahido	高知市永国寺町1-43 1-43 Eikokujicho, Kochi (ハイツ永国寺 Height Eikokuji) / 고치현 슈퍼 '사니-마트 Sunny Mart'의 일부 점포
	야마테빵 ヤマテパン	모자빵(15)	MinamiKubo, Yamatepan	공장점: 高知市南久保16-10 16-10 Minamikubo, Kochi / 야마테빵 직영점: ブーランジェリーモナモナBoulangerie Monamona, 고치현 고치시 및 주변 수퍼 등
	히시다베이커리 菱田ベーカリー	모자빵(15), 양갱빵·양갱빵트위스트(63)	Hishida Bakery Wada Plant	宿毛市和田340-1 340-1 WadaSukumo, Kochi / 고치현 슈퍼 'マルナカMarunaka' '사니-마트 SunnyMart' 등
교토 京都	게베켄 GEBACKEN(ゲベッケン)	교·다시마키식당(69)	GEBACKEN Kyoto	후카쿠사 본점: 伏見区深草西浦町6-71 6-71 Fukakusa Nishiuracho, Fushimi Ward, Kyoto
	무기와라보시 麦わらぼうし	야키소바빵(128)	인스타그램 @mugiwaraboushi.ujikoubo	宇治市宇治戸ノ内39 Tonouchi-39 Uji, Kyoto
	시즈야 志津屋	카르네(27)	Sizuya - Main Shop Ukyo	본점: 京都市右京区山ノ内五反田町10 10 Yamanouchi Gotandacho, Ukyo Ward, Kyoto / 교토시 내 지점, JR야마시나역·니조역, 게이한 구즈하역(오사카부) 등
구마모토 熊本	다카오카제빵 高岡製パン	파빵(68)	Kumamoto Takaoka pan	熊本市東区栄町1-11 1-11 SakaemachiHigashi Ward, Kumamoto / 구마모토현 슈퍼 '이온Aeon' '유메타운Yume Town' 등
	만코도 万幸堂	멜론빵(152)	Mankodo bakery	荒尾市四ツ山町3-2-10 3-2-10 Yotsuyamachi, Arao, Kumamoto

	가게·제조업체명	소개한 빵(쪽수)	구글맵 검색어	빵을 살 수 있는 곳
군마 群馬	고마쓰야 小松屋	꽃빵(156)	홈페이지 hanapan.jp	桐生市本町4-82 4-82 Honcho, Kiryu, Gunma
	군이치빵 グンイチパン	카리카리멜론빵 (150)	gunichi pan	파네 델리시아Pane Delicia 본점: 伊勢崎市除ケ町10 10 Yogecho, Iseaki, Gunma / 군마·사이타마현 내 지점
	닛타빵 新田パン	영양빵(100)	nitta bakery gunma	太田市本町25-33 25-33 Honcho, Ota, Gunma / '道の駅 おおたMichinoeki Ota', 太田強戸Ota-Godo PA, 군마현 내의 편의점 '사쿠라미쿠라Sakuramikura' 각 점포
	아시아제빵소 アジア製パン所	달걀빵·달걀빵생 (99)	Asiapan	前橋市岩神町2-4-26 2-4-26 Iwagamimachi, Maebashi, Gunma
	프리앙빵양과자점 フリアンパン洋菓子店	된장빵(70)	Miso bread Julian bread pastry shop	교외점: 沼田市高橋場町2081 2081 Takahashibamachi, Numata, Gunma / 군마현 내 지점
기후 岐阜	잇케이안 로바노빵공방 一惠庵 ロバのパン工房	각종 찐빵(114)		기후현을 중심으로, 시가·나가노·시즈오카현 등에서 이동 판매
	히노마루제빵 日の丸製パン	미소기빵(66)	Hinomaruseipan	도바시내 관광 교류 센터 등
나가노 長野	가네마루빵집 かねまるパン店	우유빵(10)	Kanemarupan	木曽郡木曽町福島5354 5354 Fukushima, Kisomachi, Kiso District, Nagano
	고마쓰빵집 小松パン店	우유빵(11)	Komatsu bakery Matusmoto	松本市大手4-9-13 4-9-13 Ote, Matsumoto, Nagano
	고후루이과자점 小古井菓子店	회오리빵(91)	Shibuonsen bakery	下高井郡山ノ内町大字平穏2114 2114 Hirao, Yamanochi, Shimotakai District, Nagano / '北信州やまのうちKitashinshu Yamanouchi' (道の駅Michinoeki)
	다쓰노빵 たつのパン	우유빵(12)	Nagano Tatsuno bread	上伊那郡辰野町平出1818-1 1818-1 Hiraide, Tatsuno, Kamiina District, Nagano / '銀座Ginza NAGANO' (도내 안테나숍 Antennashop), 오키나와현을 제외한 전국 각지의 일부 슈퍼 등
	다이호빵 タイホーパン	튀김빵(144)	Taihopan	飯田市松尾町1-13 1-13 Matsuomachi, Iida, Nagano
	불랑제리나카무라 ブーランジェリーナカムラ	우유빵(11)	Bourangerie Nakamura	塩尻市大門七番町8-3 8-3 Daimon Nanabancho, Shiojiri, Nagano
	야시마제빵 矢嶋製パン	우유빵(12)	Nagano Yajima bread	長野市信州新町新町26 26 Shinshushinmachi Shinmachi, Nagano
나가사키 長崎	나가사키스기우라 長崎杉浦	하토시샌드(79)	Nagasaki Sugikama	직판점: 長崎市大浜町1592 1592 Ohamamachi, Nagasaki / 나가사키현 내 슈퍼 '에레나Ellena'
	빵노이에 ぱんのいえ	혼케샐러드빵(22)	Pannoie	西彼杵郡時津町浜田郷565-13 565-13 Hamadago, Togitsu, Nishisonogi District, Nagasaki
	하치노야 蜂の家	카레빵(132)	홈페이지 hachinoya.net	佐世保市栄町5-9 サンクル2番館 1F 1F Sunkle 5-9, Sakaemachi, Sasebo, Nagasaki
나라 奈良	마루쓰베이커리 マルツベーカリー	파필로·앙프라이 (110)	Marutsu Bakery	桜井市桜井196 196 Sakurai, Nara
	오쿠무라베이커리 オクムラベーカリー	버터크림·파필로 버터빵·각종 롤빵 (108), 잼빵(142)	Nara, Okumura bakery	橿原市雲梯町227 227 Unatechō, Kashihara, Nara

159

	가게·제조업체명	소개한 빵(쪽수)	구글맵 검색어	빵을 살 수 있는 곳
니가타 新潟	고타케제과 小竹製菓	샌드빵·사사단고빵 (98)	kotakeseika	上越市南高田町3-1 3-1 Minamitakadamachi, Joetsu, Niigata / 조에쓰묘코역 SAKURA Plaza (さくら百嘉店Sakura Hyakkaten)
	나카가와제빵소 中川製パン所	카스텔라샌드(53)		佐渡市栗野江1502-8 1502-8 Kurinoe, Sado, Niigata / 사도시마 내 슈퍼·편의점 등
	빵노카부토 パンのカブト	샌드빵(91)	Kabuto pan	新潟市中央区女池上山5-4-35 5-4-35 Meikekamiyama, Chuo Ward, Niigata
도야마 富山	도야마제빵 富山製パン	베스트브레드(52)		도야마현 도야마시 내 슈퍼 등
	사와야식품 さわや食品	커피스낵(46), 다시 마빵(68)	Sawaya pan	직판장 パンのさわや빵노사와야: 射水市広上2000-35 2000-35 Hirokami, Imizu, Toyama / 도야마현 내 슈퍼 등
	시미즈제빵 清水製パン	비취빵(116)	Shimizupan	下新川郡朝日町金山406 406 Kanayama, Asahi, Shimoniikawa District, Toyama / 도야마현 내 슈퍼 등
도치기 栃木	나카다노빵 ナカダのパン	사쿠라단팥빵(141)	nakadanopan	본점: 佐野市万町2785 2785 Yorozucho, Sano, Tochigi / 사노시 의 아사누마浅沼점
	빵아키모토 パン・アキモト	빵캔(57)	Pan Akimoto stone oven bakery Kiramugi	石窯パン工房이시가마빵공방 'きらむぎKiramugi': 那須塩原市 東小屋字砂場368 368 Higashikoya, Nasushiobara, Tochigi / 那須ガーデンアウトレットNasu Garden Outlet
	온센빵 温泉パン	온천빵(36)	onsenpan bakery	본사직영점: さくら市早乙女95-6 95-6 Sootome, Sakura, Tochigi / 'きつれがわKisuregawa' (道の駅Michinoeki), 우쓰노미 야시 지점
도쿄 東京	K's 키친 K`s キッチン	각종 샌드위치(134)	K's Kitchen Oyamacho	板橋区大山町40-7 40-7 Oyamacho, Itabashi City, Tokyo
	고미야 好味屋	크림튀김빵 등(84)	Koumiya bakery	杉並区成田東1-38-8 1-38-8 Naritahigashi, Suginami City, Tokyo
	기무라야소혼텐 木村屋総本店	주종오구라(139), 잼빵(142)	Marunouchi kimuraya sohonten	직영점, 도쿄다이마루東京大丸점: 千代田区丸の内1-9-1 大丸東京 店 Daimaru 1-9-1 Marunouchi, Chiyoda City, Tokyo 지하1층 / 도쿄도 내, 가나가와·지바·사이타마현 내 직영점
	긴자 쓰키토하나 銀座 月と花	잼빵(142)	Ginza tsukitohana	中央区銀座4-10-6 G4ビル1F 4-10-6 Ginza, Chuo City, Tokyo
	긴자키무라야 銀座木村家	주종단팥빵(138)	Ginza kimuraya	中央区銀座4-5-7 4-5-7 Ginza, Chuo City, Tokyo
	다이이치빵 第一パン	애플링(74)		간토·주부·시코쿠 지방 슈퍼 등
	마루기쿠베이커리 マルギクベーカリー	시베리아 등(120)	Marugiku bakery	足立区千住柳町14-3 14-3 Senjuyanagicho, Adachi City, Tokyo
	마루주베이커리 丸十ベーカリー	치즈도그 등(124)	Toyotamanaka Marujuu Bakery	練馬区豊玉中2-14-1 2-14-1 Toyotamanaka, Nerima City, Tokyo
	마루주빵집 丸十パン店	코르네 등(124)	Nishisugamo Maruju Bread	豊島区西巣鴨3-18-2 3-18-2 Nishisugamo, Toshima City, Tokyo
	마루주 오야마혼텐 マルジュー 大山本 店	원조콧페빵 등(123)	Oyamacho Maruju	板橋区大山町5-11 5-11 Oyamacho, Itabashi City, Tokyo
	산케이 三桂	미역샌드 등(136)	Sankei kohoku / Sankei hokima	고호쿠江北: 足立区江北7-14-16 7-14-16 Kohoku, Adachi City, Tokyo / 호키마保木間: 足立区保木間2-11-6 2-11-6 Hokima, Adachi City, Tokyo
	샌드위치팔러 마쓰 무라サンドウィッチ パーラーまつむら	야키소바롤 등(126)	Sandwich Parlor MATSUMURA Ningyocho	中央区日本橋人形町1-14-4 1-14-4 Nihonbashiningyocho, Chuo City, Tokyo
	선롤오미야 サンロールオオミヤ	아마쇼쿠 등(121)		北区赤羽1-35-2 1-35-2 Akabane, Kita City, Tokyo

	가게·제조업체명	소개한 빵(쪽수)	구글맵 검색어	빵을 살 수 있는 곳
도쿄東京	시미즈야 しみずや	피넛초코 등(121)	Shimizuya Nishiogikita	杉並区西荻北4-4-5 4-4-5 Nishiogikita, Suginami City, Tokyo
	신주쿠나카무라야 新宿中村屋	원조크림빵(146)	Nakamuraya Bonna	新宿区新宿3-26-13 新宿中村屋ビル Shinjuku Nakamuraya 3-26-13 Shinjuku, Shinjuku City, Tokyo 지하1층(スイーツ&デリカSweets & Delica Bonna)
	아오키야 青木屋	크로켓빵, 햄가스빵(122)	Minamisenju Aokiya	荒川区南千住6-47-14 6-47-14 Minamisenju, Arakawa City, Tokyo
	야마자키ヤマザキ	삼각시베리아(65)		전국 슈퍼 등
	조시야 チョウシ屋	햄가스빵·크로켓빵(94)	Original Croquette Choshiya	中央区銀座3-11-6 3-11-6 Ginza, Chuo City, Tokyo
	카토레아カトレア	원조카레빵 등(130)	Cattlea bakery	江東区森下1-6-10 1-6-10 Morishita, Koto City, Tokyo
	포포 ポポー	각종 샌드위치(137)	Sandwich popo	荒川区西日暮里3-6-12 3-6-12 Nishinippori, Arakawa City, Tokyo
	후지노키 藤の木	아마미오시마의 자두잼과 산겐돈 가스샌드(143)	Fujinokisanbon	杉並区西荻北3-16-3 3-16-3 Nishiogikita, Suginami City, Tokyo
도쿠시마徳島	로바노빵 사카모토 ロバのパン 坂本	각종 찐빵(115)	Robanopan Sakamoto	가가와·도쿠시마·에히메현(동부), 효고현 아와지시마 등지에서 이동 판매
	후지무라베이커리 フジムラベーカリー	크림빵(149)	FUJIMURA BAKERY	板野郡板野町黒谷中通27 Nakatori-27 Kurodani, Itano, Itano District, Tokushima
돗토리鳥取	가메이도 亀井堂	마이프라이(78)	홈페이지: kameido-inc.com	가메이도: 鳥取市徳尾122 122 Tokunoo, Tottori / 'とっとり·おかやま 新橋館Tottori Okayama Shimbashikan' (도내 안테나숍Antennashop), 돗토리현 道の駅Michinoeki·슈퍼 등
미야기宮城	게센누마빵공방 気仙沼パン工房	크림샌드(44)	Kesennuma pan	気仙沼市長磯森87-1 87-1 Nagaisomori, Kesennuma, Miyagi / 게센누마시 슈퍼·道の駅Michonoeki 등
	이시이야 石井屋	멜론빵(154)	Ishiiya	仙台市青葉区上杉1-13-31 1-13-31 Kamisugi, Aoba Ward, Sendai, Miyagi
미야자키宮崎	미카엘도 ミカエル堂	자리빵(113)	Miyazaki Mikaeldo Bakery	宮崎市大塚町権現昔865-3 Gongenjaku-865-3 Otsukacho, Miyazaki
미에三重	도요켄 東洋軒	블랙카레빵(133)	Gransta Tokyo Toyoken	東京都千代田区丸の内1-9-1 1-9-1 Marunouchi, Chiyoda City, Tokyo (JR도쿄역 'グランスタ東京GRANSTA Tokyo')
	시마지야노지텐 島地屋餅店	야키빵(157)		伊勢市常盤2-5-19 2-5-19 Tokiwa, Ise, Mie
사가佐賀	오후빵 나카가와 欧風パン ナカガワ	콩고물튀김빵(144)		鳥栖市松原町1725-5 1725-5 Matsubaramachi, Tosu, Saga
사이타마埼玉	데이지 デイジイ	크루아상 B. C.(80)	Yahei daisy	본점: 川口市弥平2-9-17 2-9-17 Yahei, Kawaguchi, Saitama / 사이타마현 내 지점, 도내 지점
	이토제빵 伊藤製パン	두뇌빵(40)	Itoseipan Iwatsukikojo	이와쓰키공장 직판점: さいたま市岩槻区末田2398-1 2398-1 Sueda, Iwatsuki Ward, Saitama / 군내 '스나초砂町공장 직영점', 간토 지방 슈퍼 등
시가滋賀	세이요켄 西洋軒	파필로버터빵(111)	Seiyoken Bakery	본점: 大津市坂本4-14-11 4-14-11 Sakamoto, Otsu, Shiga / 오쓰시 다쓰가오카竜が丘 지점(제제ぜぜ점)
	쓰루야빵 つるやパン	샐러드빵(20), 샌드위치(21), 스마일샌드(48), 밀크볼(49), 카스텔라샌드(53), 런치빵(79)	Tsuruyapan Bakery	長浜市木之本町木之本1105 1105 Kinomotochō Kinomoto, Nagahama, Shiga / 시가현 슈퍼 '平和堂Heiwado' 'フレンドマートFriend Mart' 등, 오사카부, 교토부, 효고현의 일부 슈퍼

161

	가게·제조업체명	소개한 빵(쪽수)	구글맵 검색어	빵을 살 수 있는 곳
시마네 島根	기무라야제빵 木村屋製パン	로즈빵(29)		出雲市知井宮町882 882 Chiimiyacho, Izumo, Shimane / 시마네현 슈퍼 '富士屋ストアーFujimasu Store' '桃源Tougen 직판장' 등
	난포빵 なんぽうパン	장미빵(28)	Nanpopan Ltd	出雲市知井宮町1274-6 1274-6 Chiimiyacho, Izumo, Shimane
	스기모토빵집 杉本パン店	베이비로프·와레빵·요구루빵(112)		安来市黒井田町429-20 429-20 Kuroidacho, Yasugi, Shimane
시즈오카 静岡	마루니제과 丸二製菓	기린짱(27)		下田市西中12-8 12-8 Nishinaka, Shimoda, Shizuoka / 시즈오카현 슈퍼 등
	반데롤 バンデロール	키다리빵(26)	홈페이지 banderole.co.jp	시즈오카현 반데롤 직영점, 슈퍼, 편의점, 드럭스토어 등
	야타로그룹 ヤタローグループ	카스텔라빵(54)	Yataro factory direct sales store	공장직영점: 浜松市東区丸塚町169 169 Maruzukacho, Higashi Ward, Hamamatsu, Shizuoka / 'メイワンエキマチMAY ONE EKIMACHI WEST'(하마마쓰역) 'グランドキヨスク静岡GRAND KIOSK Shizuoka'(시즈오카역), 아이치·시즈오카현 슈퍼 등
	오카다제빵 岡田製パン	오카빵의 멜론빵(151)		掛川市日坂174 174 Nissaka, Kakegawa, Shizuoka
	후지제빵 富士製パン	양갱빵·흰양갱빵(62)	Youkanpan	직판장: 富士市蓼原1178-3 1178-3 Tadehara, Fuji, Shizuoka / 시즈오카현 슈퍼·편의점, JR도카이 'KIOSK' 등
	히라이제과 平井製菓	해리스 씨의 우유단팥빵(141)	HIRAI SEIKA	본점: 下田市2-11-7 11-7 Nichome, Shimoda, Shizuoka
아오모리 青森	구도빵 工藤パン	영국토스트(19), 두뇌빵(40)	kanazawa kudopan	아오모리현 슈퍼·편의점 등
아이치 愛知	야마토빵 ヤマトパン	데세르·죽순빵(43)	Yamato Pan	豊川市古宿町市道43-7 Ichimichi-43-7 Furujukucho, Toyokawa, Aichi / 아이치현 내 슈퍼 'クックマートCook Mart' 등
	파스코 Pasco	우유빵(13), 샌드롤 오구라&네오마가린(105)		주부 지방 슈퍼 등
아키타 秋田	다케야제빵 たけや製パン	샐러드빵(22), 학생조리(23), 커피(45), 초코버터샌드(50)	Takeyaseipan	공장판매점: 秋田市川尻町大川反233-60 Okawabata-233-60 Kawashirimachi, Akita / 아키타현 슈퍼 'デイリーヤマザキDaily Yamazaki' 등
	베이커리상드리용 ベーカリーサンドリヨン	신데렐라(80)	Bakery sandoriyon	大館市幸町13-23 13-23 Saiwaicho, Odate, Akita
	야마구치제과점 山口製菓店	앙도넛(78)	Yamaguchi seikaten	大館市山館田尻238 Tajiri-238 Yamadate, Odate, Akita / 아키타현 슈퍼 등
야마가타 山形	다이요빵 たいようパン	베타초코(32)	Taiyo Pan	직판점: 東置賜郡高畠町深沼2859-6 2859-6 Fukanuma, Takahata, Higashiokitama District, Yamagata / 센다이시 슈퍼, 'おいしい山形プラザOishii Yamagata Plaza' (도내 Antennashop) 등
야마구치 山口	쇼게쓰도제빵 松月堂製パン	하ㅣ여름귤 멜론빵(154)	홈페이지: shogetsu-do.net	야마구치현, 기타큐슈, 히로시마현 시내 슈퍼 등

	가게·제조업체명	소개한 빵(쪽수)	구글맵 검색어	빵을 살 수 있는 곳
야마나시山梨	마루주야마나시제빵 丸十山梨製パン	레몬빵(75), 카레빵(132)	Marujupan	본점: 甲府市丸の内2-28-6 2-28-6 Marunouchi, Kofu, Yamanashi / '아마노파쿠스Amano Pax'(류오竜王점), 야마나시현의 슈퍼 등
	마치다제빵 町田製パン	축빵(81)	enzankamiozo machida bakery	甲州市塩山上於曽401 401 Enzankamiozo, Koshu, Yamanashi
	하기하라제빵소 萩原製パン所	축빵(81)	Hagihara seipan	공장직판장: 山梨市落合392 392 Ochiai, Yamanashi (금요일만 영업)
에히메愛媛	미쓰바야 三葉屋	크림빵(147)	Ehime Mitsubaya bakery	松山市湊町3-5-24 3-5-24 Minatomachi, Matsuyama, Ehime
오사카大阪	ROUTE271	태국풍 야키소바빵(128)	ROUTE271	우메다 본점: 大阪市北区芝田2-3-2 1F 2-3-2 Shibata, Kita Ward, Osaka / 다카쓰키시 다카쓰키점
	고베야 神戸屋	삼미(33)	홈페이지: kobeya.co.jp	간사이 지방 슈퍼·편의점 등
	르벨 REVEL(ルベル)	수박빵(75)	Osaka REVEL bakery Bologna	볼로냐점: 堺市美原区今井91-2 91-2 Imai, Mihara Ward, Sakai, Osaka
	만푸쿠베이커리 まん福ベーカリー	야키소바도그(128)	Manfuku bakery	大阪市中央区北浜東5-1 5-1 Kitahamahigashi, Chuo Ward, Osaka
오카야마岡山	돈구 トングウ	우예앙(111), 삼각잼빵(143), 솔방울(152)	Bakery Tongu	総社市駅前1-2-3 1-2-3 Ekimae, Soja, Okayama
	오카야마키무라야 岡山木村屋	바나나크림롤(30), 스네키(76)	Kimuraya Bakery Omotecho Main Shop	오모테초 본점: 岡山市北区表町3-15-6 3-15-16 Omotecho, Kita Ward, Okayama / 오카야마현 내 지점, 'とっとり・おかやま 新橋館Tottori Okayama Shimbashikan' (도내 アンテナショップAntennanshop) 등
오키나와沖縄	구시켄빵 ぐしけんパン	나카요시빵(31), 울트라멜론초코(52)	홈페이지: gushikenpan.com	오키나와현 슈퍼·편의점, '銀座わした ショップGinza Washita shop' 본점 (도내 アンテナショップAntennanshop) 등
	오키코 オキコ	제브라빵(71)	Okiko Company	오키나와현 슈퍼·편의점, '銀座わした ショップGinza Washita shop' 본점 (도내 アンテナショップAntennanshop) 등
	하마쿄빵 ハマキョーパン	패밀리롤(44)		오키나와현 슈퍼 등
오이타大分	기시다빵岸田パン	우유빵(13)		오이타현 슈퍼 등
	쓰루사키식품 つるさき食品	삼각치즈빵(77)	Tsurusaki Foods	직판점: 大分市大字迫1002 1002 Sako, Oita / 오이타현 오이타시 내 백화점과 종합슈퍼 'トキハTokiha' 'トキハインダストリーTokiha Industry' 등
와카야마和歌山	나카타제빵 名方製パン	스위트(152)	Nakatanopan	나카타야 본사 누노히키점: 和歌山市布引774 774 Nunohiki, Wakayama / 와카야마현 내 직판전·슈퍼 등
	빵공방카와 パン工房カワ	생크림샌드(48)	Yuasa, kawa bakery	본점: 有田郡湯浅町湯浅1935-1 1935-1 Yuasa, Arida District, Wakayama / 와카야마현 내 지점
	수제 매실빵집 피노키오手づくり梅パンの店 ピノキオ	기슈소프트매실빵(117)	홈페이지 www.big-advance.site/s/206/1257	和歌山市狐島389 MY·ビル1F 389 Kitsunejima, Wakayama MY·빌딩 1층
이바라키茨城	니시무라빵 西村パン	샐러드빵(22)	인스타그램 @pan_nishimura	水戸市常磐町2-3-22 2-3-22 Tokiwacho, Mito, Ibaraki
	미요시노 美よしの	콧페빵·크로켓빵(96)	miyoshino bakery	古河市本町3-2-17 3-2-17 Honcho, Koga, Ibaraki
	빵공방구루구루 パン工房ぐるぐる	오쿠쿠지란의 걸쭉한 크림빵(148)	Ibaraki Bakery Guruguru Naka head office	나카 본점: 那珂市菅谷5360-1 5360-1 Sugaya, Naka, Ibaraki / 이바라키현 내 지점
	빵공방파리나 パン工房ファリーナ	궁극의 멜론빵(154)	kamisu fariner	神栖市知手中央3-4-8 3-4-8 Shittechuo, Kamisu, Ibaraki

	가게·제조업체명	소개한 빵(쪽수)	구글맵 검색어	빵을 살 수 있는 곳
이시카와石川	불랑제타카마쓰 ブランジェタカマツ	화이트샌드(18)	Boulanger Takamatu	金沢市吉原町イ240 I-240 Yoshiwaramachi, Kanazawa, Ishikawa
	빵아즈마야 パンあづま屋	화이트샌드(18), 두뇌빵(39), 둥근 식빵·커피샌드·크림샌드·피넛샌드(47), 카스텔라샌드(54), 웨하스(56), 잼샌드(73)	Azumaya bakery (Station Head Branch)	역전 본점: 小松市土居原町112 112 Doiharamachi, Komatsu, Ishikawa / 고마쓰시 시마다마치 지점, 이시카와현 슈퍼 등
	사노야제빵 佐野屋製パン	두뇌빵(39)		이시카와현 내 슈퍼 등
이와테岩手	시라이시빵 シライシパン	콩빵롤(67), 네오토스트(73)	홈페이지: shiraishipan.com	아오모리·이와테·미야기·아키타·야마가타·후쿠시마현 슈퍼 등
	오리온베이커리 オリオンベーカリー	커피샌드(45), 슈크림빵(49), 삼각카스텔라(56), 지카라단팥빵(66)	Iwate, hanamaki, Orion Bakery	본사공장 직판장: 花巻市東宮野目第12-4-5 Dai 12Chiwari 4-5 Higashimiyanome, Hanamaki, Iwate / 이와테·아키타현 슈퍼와 드럭스토어, 'いわて銀河プラザIwate Ginza Plaza' (도내 안테나숍Antennashop), 간토 지역의 '北野エースKitano Ace' 등
	후쿠다빵 福田パン	앙버터(97)	Fukuda Pan Nagatacho Main Shop	본점: 盛岡市長田町12-11 12-11 Nagatacho, Morioka, Iwate
지바千葉	기무라야베이커리 木村屋ベーカリー	카스텔라빵·멜론빵(99)	Kimuraya Bakery Togane	東金市東金1275 1275 Togane, Togane, Chiba
	다테야마나카무라야 館山中村屋	특제단팥빵(140)	Tateyama nakamuraya	館山市北条1882 1882 Hojo, Tateyama, Chiba
	마롱드 マロンド	야부레단팥빵(140)	Sakura Sakaecho Marond	사쿠라점: 佐倉市栄町18-11 18-11 Sakaecho, Sakura, Chiba
	베이커리&카페 빨간 머리 앤 ベーカリー&カフェ 赤毛のアン	산오레·콧페빵 앙버터(96)	Choshi bakery anne	銚子市清川町2-1122 2-1122 Kiyokawacho, Choshi, Chiba / 'イオンモール銚子Aeon Mall Choshi' 'カスミフードスクエアKasumi Food Square'(미나미오가와점)
홋카이도北海道	니치료제빵 日量製パン	초코브리코·초콜라(51), 양갱빵·양갱빗위스트·양갱단팥빵·양갱치기리(64), 강낭콩빵(67), 러브러브샌드(72)	Nichiryoseipan	쓰키사무공장 직판점: 札幌市豊平区月寒東一条18-5-1 18-5-1 Tsukisamu Higashi 1 Jo, Toyohira Ward, Sapporo, Hokkaido / 홋카이도·도호쿠 지역 일부 슈퍼·편의점 등
	다카하시제과 高橋製菓	비타민카스텔라(36)	홈페이지: asahikawa-bussan.net	旭川市4条通13丁目左1 13 Chome-左 1 4 Jodori, Asahikawa, Hokkaido / 아사히카와 '道の駅Michinoeki', 홋카이도 슈퍼·편의점 등
	돈구리 どんぐり	지쿠와빵(69)	동구리 베이커리 본점	본점: 札幌市白石区南郷通8丁目南1-7 8 Minami-1-7 Nangodori, Shiroishi Ward, Sapporo, Hokkaido / 삿포로시 내 지점 등
	쓰키사무앙빵혼포 月寒あんぱん本舗	쓰키사무단팥빵(141)	Tsukisamu anpan Honpo Honma	혼마 총본점: 札幌市豊平区月寒中央通8丁目1-10 月寒中央ビル 1F 8-1-10 Tsukisamuchuodori, Toyohira Ward, Sapporo, Hokkaido
	야마자키 ヤマザキ	산스네이크(65)	홈페이지: yamazakipan.co.jp	홋카이도 슈퍼 등
	오사마노빵 王様のパン	냄비빵(100)	Osamapan	旭川市末広2条3-3-19 3-3-19 Suehiro 2 Jo, Asahikawa, Hokkaido
	풀만베이커리 プルマンベーカリー	단샤쿠카레빵(133)	Pullman bakery	Barnyard Sapporo점: 札幌市手稲区西宮の沢4条1-11-11 1-11-11 Nishimiyanosawa 4 Jo, Teine Ward, Sapporo, Hokkaido / 삿포로시 니시구의 미야노사와역전점
	후루카와제과 古川製菓	된장빵(70)		網走市海岸町1-1-3 1-1-3 Kaigancho, Abashiri, Hokkaido / '厚木市まるごとショップ あつまるAtsugishi Marugoto Shop Atsumaru', 홋카이도 슈퍼 등

	가게·제조업체명	소개한 빵(쪽수)	구글맵 검색어	빵을 살 수 있는 곳
효고 兵庫	니시카와식품 ニシカワ食品	니시카와플라워 (29), 아베크(50), 백앙금을 넣은 멜론 빵(153)	Nishikawa pan Kakogawa Station	가코가와역점: 加古川市加古川町溝之口503-2 ビエラ加古川 3 Mizonokuchi-503-2 Kakogawachō, Kakogawa, Hyogo / 효고현 내 직영점, 간사이·주고쿠·시코쿠 지방 슈퍼 등
	도미즈 トミーズ	앙쇼쿠(117)	Tommys bakery Uozaki	우오자키 본점: 神戸市東灘区魚崎南町4-2-46 4-2-46 Uozaki Minamimachi, Higashinada Ward, Kobe, Hyogo / 효고현 고베시 내 지점
	오이시스 オイシス	꽈배기봉(76), 원조 멜론빵(153)	홈페이지 oisis.co.jp	이타미공장 직판점: 伊丹市池尻2-23 2-23 Ikejiri, Itami, Hyogo / 간사이 지방 슈퍼 등
후쿠시마 福島	기요카와제과제빵 점 清川製菓製パン店	기름빵(92)	Aburapan	伊達郡川俣町字本町38 38 Motomachi, Kawamata, Date District, Fukushima / 후쿠시마현 내 '道の駅Michinoeki'·슈퍼 'フ ァンズFanz'(주말 한정) 등
	베이커리로미오 ベーカリーロミオ	크림박스(16)	Koriyama Bakery Romeo	본점: 郡山市駅前2-2-13 2-2-13 Ekimae, Koriyama, Fukushima / 후쿠시마현 내, 미야기현 센다이시의 지점, 도내 백화점·안테나 안테나숍Antennashop, 고속도로SA·PA 등
	오토모빵집 大友パン店	크림박스(17)	Otomo bread shop Sakura-dori	郡山市虎丸町24-9 24-9 Toramarumachi, Koriyama, Fukushima
	하라마치제빵 原町製パン	요쓰와리(90)	Haramachi bakery	南相馬市原町区本陣前3-1-5 3-1-5 Haramachiku Honjinmae, Minamisoma, Fukushima
	후타바야빵집 二葉屋パン店	크림박스(16), 커피 빵(90)	Fukushima Futaya Bakery	郡山市堂前町25-21 25-21 Domaemachi, Koriyama, Fukushima
후쿠오카 福岡	도쿄도제빵 東京堂製パン	핫도그(118)	Kokubumachi Elegant Castle	久留米市国分町216 216 Kokubumachi, Kurume, Fukuoka エレ ガントキャッスルElegant Castle
	료유빵 リョーユーパン	맨해튼(34), 구운 사과(35), 카스텔라 샌드(55), 치즈데마 크(77)	홈페이지: ryoyupan.co.jp	주고쿠·시코쿠·규슈 지방(오키나와현 제외) 슈퍼 등
	바소키야 バソキ屋	야키소바빵(129)	Nanokawa Basokiya	나노카와 본점: 福岡市南区那の川1-22-22 1-22-22 Nanokawa, Minami Ward, Fukuoka / 가스가시 가스가점
	스피나 スピナ	구로가네카타빵 (156)		규슈 지역 슈퍼·편의점, 전국 슈퍼 등
후쿠이 福井	다루마야だるま屋	가타빵(157)		敦賀市金山72-11-3 72 Kanayama, Tsuruga, Fukui
	오카와빵 オーカワパン	커피샌드(46)	Risuyapan	리스야Risuya빵: 坂井市丸岡町谷町1-5 1-chōme-5 Maruokachō Tanimachi, Sakai, Fukui / 이시카와현, 후쿠이현, 도야마현, 시가 현, 기후현의 슈퍼 등
	유로빵키무라야 ヨーロッパンキム ラヤ	다이후쿠단팥빵 (139), 군대카타빵 (156)	Europain KIMURAYA	鯖江市旭町2-3-20 2-3-20 Asahimachi, Sabae, Fukui / 'ふく い南青山Fukui Minami Aoyama 291'(도내 안테나숍 Antennashop)
히로시마 広島	다카키베이커리 タカキベーカリー	복각판 덴마크롤 (35)	홈페이지 takaki-bakery. co.jp	긴키·주고쿠·시코쿠·규슈 지방 슈퍼 등
	멜론빵 メロンパン	멜론빵(153)	Kuremelon	본점: 呉市本通7-14-1 7-14-1 Hondori, Kure, Hiroshima / SOGO 히로시마점, 'ゆめタウンYume Town' 쿠레점 코너 등
	무라카미베이커리 村上ベーカリー	사각야키소바빵 (129)	Takehara, Murakami Bakery	竹原市本町1-2-7 1-2-7 Honmachi, Takehara, Hiroshima
	오기로빵 オギロパン	샤리샤리빵(113)	Ogiro Pan Co., Ltd.	三原市皆実3-1-32 3-1-32 Minami, Mihara, Hiroshima / '道の駅 Michinoeki みはら神明の里Mihara Shinmeinosato', 히로시마현 슈퍼 등
	핫텐도 八天堂	크림빵(148)	Hattendo Cafelie	본점: 三原市本郷町善入寺用倉山10064-190 10064-190 Zennyuji, Hongocho, Mihara, Hiroshima / 히로시마현 내, 도쿄 도, 오사카부, 후쿠오카현 등의 지점
	후지빵 フジパン	스페이스아폴로 (42)	홈페이지 fujipan.co.jp	오키나와현을 제외한 전국 슈퍼 등

165

빵 리스트의 빵집 이름을 일본어로 읽는 법

한국어	일본어	일본어 발음
-가게	店(점)	-텐
	屋(옥)	-야
-빵집	パン店	-빵텐
	パンの店	-빵노미세
	パン屋	-빵야
-빵공방	パン工房	-빵코보
-제과	製菓	-세카
-제과점	製菓店	-세카텐
-제빵	製パン	-세빵
-제빵점	製パン店	-세빵텐
-제빵소	製パン所	-세빵조
-과자점	菓子店	-카시텐
-양과자점	洋菓子店	-요가시텐
-베이커리	ベーカリ	-베카리
-불랑제리	ブーランジェリー	-부랑제리

드디어 맛본 빵들

반드시 맛볼 빵들